ENTENDIDO

Manual VFR de Comunicaciones aéreas para volar en USA.

Erasmo "Eddie" Malacara

FastPencil

FastPencil
307 Orchard City Drive
Suite 210
Campbell CA 95008 USA
info@fastpencil.com
(408) 540-7571
(408) 540-7572 (Fax)
http://www.fastpencil.com

Este producto deberá de utilizarse solamente como una ayuda para los entusiastas de la aviación, estudiantes de piloto, pilotos profesionales e instructores de vuelo. Y principalmente para aquellos que tienen el Ingles como segunda lengua.

Aunque he hecho un esfuerzo honesto por incluir todas las herramientas que yo tengo disponibles para ayudarles en las comunicaciones en el Ingles. Y he tratado de atacar con soluciones a todos los problemas que conozco se dan en nuestra industria de aviación. Aun así se que este manual esta limitado.
El uso de este producto no libera al usuario de las responsabilidades necesarias para volar de una forma segura, navegar de una forma correcta y comunicarse claramente. Con este manual no se da ninguna garantía expresa ó implícita de que todo es correcto.

Erasmo Malacara ó cualquier otra persona envuelta en este proyecto no se hace responsable por daños ó perjuicios causados por el uso ó mal uso de este producto.

Erasmo "Eddie" Malacara

Printed in the United States of America.

First Edition

Erasmo "Eddie" Malacara, creció desde niño con una pasión obsesiva por todo lo que volara, especialmente los aviones. Desde pequeño creció dibujando aviones, modelando aviones, leyendo acerca de la aviación, coleccionando aviones miniatura y en general sumergido en todo este mundo de los aviones. Siempre en su mente estaba claro de que el seria un piloto profesional cuando creciera. Lamentablemente este sueño se vio truncado a los 14 años cuando después de una operación quirúrgica en el oído derecho, le fue informado de que ya jamas podría bucear bajo del agua ó volar alto en los cielos debido a los cambios de presiones. Ademas del hecho de que había perdido 25 por ciento de audición en el oído derecho. Termino refugiando se en el arte de la construcción lo cual desarrollo hasta la edad de 28 años.

Fue hasta esta edad, en la que se vio obligado a emigrar a los Estados Unidos, debido a que la situación económica en México, su país natal se viniera abajo, forzándolo a terminar limpiando campos de algodón en el Estado de Arkansas. Y fue ahí donde descubrió la oportunidad de comenzar a aprender a volar y desarrollar su carrera como piloto profesional.

Despues de 12 años decide regresar a la frontera México Americana, donde comienza a ejercer su profesión como instructor certificado de vuelo, trabajando principalmente con pilotos y estudiantes Mexicanos quienes acudían a los Estados Unidos buscando entrenamiento de vuelo. Y trabajando en la frontera, Erasmo comenzó a descubrir las dificultades que los pilotos extranjeros experimentaban al cruzar la frontera, principalmente por la falta de Ingles aeronáutico. Pronto se vio rodeado de pilotos y estudiantes solicitando instrucción de su parte para volar en los Estados Unidos. Seguido por una constante demanda de material de estudio que pudiese ayudarles a alcanzar este propósito. Y aunque existen muchos materiales actualmente en el mercado para aprender a volar, estos TODOS son en Ingles. Y como los mismos clientes de Erasmo dicen, "de que me sirve comprar todos los cursos si no les entiendo". Hasta hoy el 75 por ciento de los clientes de Erasmo, son clientes que no tienen el idioma Ingles como lengua nativa. Y debido a ello El a aprendido a desarrollar técnicas y formas de poder ayudarles.

De ahí es que surgió la necesidad de este manual, producto de experiencias reales de vuelo en la carrera de Erasmo y como una forma de compartir las herramientas que el mismo desarrollo para poder ayudarse a operar en los Espacio aéreos americanos. Y es aquí en este manual donde las comparte en Español, con las traducciones al Ingles. Las cuales han ayudado a infinidad de estudiantes y pilotos, quienes una vez llegaron con Erasmo solicitando ayuda la cual hoy se ve plasmada en este Manual.

Agradecimientos

Dedico este libro a mi hermosa Madre, quien implanto en mi desde niño los tres ingredientes que garantizaran el éxito para cualquier hijo en todas partes del mundo; Trabajar duro, estudiar con dedicación y vivir honestamente. Ingredientes sin los cuales no estaría yo donde ahora estoy.

A mis Hijos; Ana, Sintique, Josias, Lando y Daven. Quienes sin darse cuenta siempre han sido el combustible que me mantiene en marcha, para alcanzar los diferentes objetivos en mi vida.

A mi esposa Cheryll por su enorme paciencia mientras este proyecto despega.

Y sobre todo a Aquel quien dijo; "pero los que confían en Mi, renovaran sus fuerzas; volaran como la águilas: correrán y no se fatigaran, caminaran y no se cansaran". Quien siempre a sido un caballero para mi, enriqueciendo my vida con milagros difíciles de alcanzar por mi mismo. A El sea toda la Gloria.

Erasmo "Eddie" Malacara

Edinburg, Texas.

25 de Mayo de 2013

TABLA DE CONTENIDOS

1

EL PORQUE DE "OTRO" MANUAL MAS DE COMUNICACIONES.

Desde que tuve la oportunidad de comenzar a volar en los Estados Unidos en 1995, rápidamente encontré que el no tener el Ingles como lengua nativa, seria uno de los obstáculos mas difíciles de conquistar en el desarrollo de mi carrera como piloto profesional. En estos 18 años siempre he tenido la esperanza de que ALGUIEN, algún día, desarrolle un manual que ayude a todos los pilotos y entusiastas de la aviación a crecer profesionalmente. Un manual que ayude a aquellos quienes no tenemos el Ingles como idioma nativo.
Hasta hoy, lamentablemente esta esperanza no se ha podido ver materializada. Por lo cual con este manual persigo cambiar esta situación largamente olvidada y relegada por la comunidad que instruye tradicionalmente, sin ofrecer una alternativa practica para aprender a comunicarnos en la aviación en el idioma Ingles.

De acuerdo a las Regulaciones Americanas, las cuales conocemos como las FAR 61.103 © (Federal Aviation Regulations) la persona que aspira a recibir un certificado de piloto aviador debera de;

61.103 © Be able to read, speak, write, and understand the English language...
61.103 © Poder leer, hablar, escribir y entender el lenguaje del Ingles...

Así que esta bien claro que para aprender a volar en los Estados Unidos, debera esto de hacerse en Ingles como tradicionalmente se ha venido haciendo. Pues es la ley y la norma a seguir en todo el mundo.
Y con este manual la intención que menos tengo es el de quebrantar las reglas ya establecidas. Pero a través de los años que tengo instruyendo he descubierto que es mas fácil enseñar el

concepto en el idioma nativo, seguido por la traducción al Ingles, en lugar de enseñar el concepto en Ingles a quienes no lo tienen como idioma nativo.
Así que con este manual pretendo revertir el orden que tradicionalmente usamos con la intención de alcanzar un mayor y mejor resultado. El cual es; mas pilotos hispanos operando de una forma segura y eficaz en el espacio aéreo de los Estados Unidos.

Este manual esta diseñado para obtener la mayor utilización posible de el, por cualquier piloto ó persona que tenga interés en aprender a volar en los Estados Unidos. Y aunque he invertido mucho tiempo persiguiendo este objetivo, este manual no esta diseñado como un substituto para el entrenamiento adecuado y competente de un instructor certificado de vuelo. No deberá bajo ninguna causa de usarse como el único medio disponible para operar las comunicaciones aéreas en los Estados Unidos.

Y lo escribo utilizando la experiencia que en 19 años he podido adquirir operando en los espacios aéreos de los Estados Unidos, como piloto aviador y como instructor certificado de vuelo. Teniendo en mente de que si yo pude aprender a comunicarme en Ingles y a operar en los espacios aéreos de los Estados Unidos, tu también puedes hacerlo. Pues entre tu y yo, no hay diferencias. Tu y yo somos iguales. Si haces lo que yo hice, tendrás lo que yo tengo. No hay diferencias.

Muchos son los casos ya de estudiantes y pilotos que me aproximan buscando ayuda con el Inglés de aviación. Y aunque comienzan con muchas inquietudes y vacilaciones, con el entrenamiento adecuado veo que siempre terminan con confianza para poder operar en los espacios aéreos americanos. Producto esto de la practica y estudio dedicado del Ingles de aviación.
En cierta forma la solución ya esta en ustedes, es solo cuestión de dedicar el tiempo necesario para estudiar y practicar.
Y como una forma de animarles, quiero decirles que el solo hecho de haber adquirido este manual los pone muy cerca de alcanzar esta habilidad tan necesaria en la vida profesional de nosotros como pilotos.

Aclaraciones generales

Originalmente mi idea era producir un manual de comunicaciones para ambas operaciones IFR (Instrument Flight Rules) y VFR (Visual Flight Rules). Lamentablemente el proyecto se volvió exageradamente largo por lo cual me he visto en la necesidad de producir dos manuales en lugar de uno. Este primer manual fue creado enteramente para pilotos VFR y vuelos visuales. Por favor les pido un poco de paciencia mientras el segundo manual de IFR sale al mercado.

El presente manual es exclusivamente sobre comunicaciones VFR así que otras áreas como navegación, espacios aéreos, regulaciones, etc, etc, han sido evitadas con el propósito de enfatizar solo las comunicaciones VFR en el idioma Ingles. Este manual no es acerca de como aprender a volar. De ahí que explicaciones incompletas de como aprender a volar son anticipadas.

Durante la narración de este libro utilizo una matricula ficticia NN1234 para tratar de ayudar a hacer la explicación mas realista. En algunas ocasiones antepongo los modelos de la aeronave; Cessna, Piper, Cirrus, etc, etc, con la misma intención. Estos modelos y matriculas son producto entero de mi imaginación y no pertenecen a ningún piloto que yo conozca. Así que cualquier relación de esta matricula ficticias con alguna aeronave de la vida real es pura coincidencia.

Y la ultima aclaración que quiero hacer es la mas honesta de todas. Debido al formato principal en que este libro fue diseñado; El cual es hacer la explicación de las comunicaciones en Español, seguida de la traducción al Ingles en ocasiones es imposible lograr una estructura gramatical perfecta. Aunado esto al hecho de que el libro se a escrito para la audiencia hispana en toda America Latina, algunas palabras y modismos serán diferentes en otros Países. En donde este caso se de, les pido de favor que traten de buscar el sentido de lo que trato de explicar.

Este manual en ninguna forma es acerca de formación gramatical en Ingles ó en Español. Y aunque he echo un esfuerzo enorme por apegarme a los diseños gramaticales del Ingles y del Español al mismo tiempo, creo que no he podido ser leal a ninguno de los dos. En ocasiones siento que este libro termino en "spanglish" eso te lo dejo a ti para que lo decidas.

La primera edición de este libro sale al mercado como un experimento, producto de la necesidad que he visto en las comunicaciones entre pilotos foráneos y el espacio aéreo americano. Nunca ha existido algo en el mercado como este manual. De igual forma que un avión que sale de la fabrica completamente nuevo tiene fallas de diseño y construcción, entiendo que este manual tambien tendra fallas de diseño y construcción las cuales se verán reflejadas en las subsecuentes ediciones. En orden de poder ayudarme con estas correcciones te suplico me escribas a eddieaviation@aol.com con tus comentarios e ideas en la mejora de este manual.

Por favor mantengan los cielos seguros y divertidos.

Please keep the sky safe and fun.

Erasmo "Eddie" Malacara

Problemas para quienes el Ingles no es la lengua nativa.

Quienes no tenemos el Ingles como lengua nativa, tenemos que aprender la fraseología básica del Ingles, para poder interpretar los manuales aeronáuticos, las regulaciones de vuelo, las listas para inspeccionar los sistemas del avión, etc, etc. Todas ellas están escritas en Ingles en todo el mundo.

El problema principal para nosotros los humanos que no tenemos el Ingles como lengua nativa es; el hecho de que podemos aprender, pensar y razonar mejor en nuestra lengua nativa. De ahí que la falta de Ingles se espera sea un problema natural para nosotros, quienes tenemos que aprender a superarlo con el entrenamiento y la practica adecuada.

Otro de los problemas que se dan también, es el hecho de que en ocasiones los aviadores no pueden totalmente entender el acento de otros pilotos, causando un peligro potencial debido al hecho de no poder entender en donde esta la posición de la otra aeronave. O no entender las intenciones de otros pilotos. Y en casos muy extremos, en situaciones de emergencias el no poder responder adecuadamente a estos pilotos, con ayudas las cuales beneficiarían evitando accidentes graves.

Lamentablemente el principal tipo de de accidente que se suscita por la falta de comunicaciones adecuadas son; las colisiones en el aire ó en tierra, simplemente debido a malos entendidos. Desafortunadamente las colisiones entre aviones tienden a ser fatales ó extremadamente serias. Es muy raro que no haya una colisión entre dos aeronaves la cual no envuelva heridos ó muertos.

Este problema es muy real. El hecho de no tener el Ingles como Idioma nativo a ocasionado varios accidentes graves de aviación. Ademas de confusiones entre los controladores y los pilotos lo cual hacen que se vuelva la experiencia de aviación en algo muy riesgoso.

Pero con el entrenamiento constante y la practica adecuada, la barrera del Ingles como segunda lengua puede ser corregida. Lo cual guiara a mejores comunicaciónes dentro y fuera de la cabina haciendo la industria de la aviación mas segura de lo que hoy es.

Y en orden de asistir en esta meta es la realizacion de este manual de vuelo.

2

LA NECESIDAD OBLIGATORIA DE APRENDER INGLES DE AVIACION

PERO ES QUE NO HABLO BUEN INGLES.!

Pero es que no hablo buen Ingles... ! Así es como muchas personas se aproximan a mi cuando sienten el deseo de aprender a volar en los Estados Unidos. Y aunque en la realidad la falta de Ingles puede convertirse en un obstáculo para obtener un certificado de piloto aviador, no es imposible de alcanzar con el entrenamiento y la practica adecuada. De hecho conozco de escuelas de aviación aquí en los Estados Unidos que francamente le dicen a los estudiantes; *"No, antes de enrolarte como estudiante, primero ve y aprende el idioma Inglés"* y *"cuando aprendas Ingles entonces ven a volar"* Y aunque suena muy lógico y honesto de parte de estas escuelas en realidad no es totalmente cierto. Digo esto debido a que esta no fue mi experiencia, pues cuando yo comenze a volar no hablaba nada de Ingles y tuve que encontrar formas de avanzar en mi carrera de piloto aun con la limitación que el Ingles impone, encontrando herramientas que me ayudaron y que ahora quiero compartir con ustedes con la intención de ayudarles en esta ardua tarea. E insisto en decir ardua tarea, porque aunque el aprender Ingles de aviación no es imposible tampoco es fácil. Requiere dedicación y entrega la cual si pagas el precio la obtendrás.

Como mencione anteriormente el aprender Ingles de aviación para volar en los Estados Unidos, no solamente es necesario por estar establecido en las regulaciones de los FAR (Federal Aviation Regulations). Donde se mencionan claramente los requisitos para obtener el certificado de piloto privado. En las FAR encontramos;

§61.103 Requisitos necesarios para obtener el Certificado de Piloto Privado; ***Be able to read, speak, write, and understand the English language.....*** Poder leer, hablar, escribir y entender el idioma Ingles.

Como pueden darse cuenta, son necesario 4 requisitos que el candidato a piloto debera demostrar eficiencia, en orden de poder recibir un certificado de piloto privado por la agencia americana FAA (Federal Aviation Administration).

Leer el idioma Ingles.

1.- La primera es el poder leer el idioma Ingles. Esto con la finalidad de poder interpretar los diferentes tipos de productos textuales que existen en el mercado para poder ayudar a los pilotos a desempeñar su trabajo como lo son; información del clima, cartas de navegación, cartas que la FAA produce para la comunidad de aviación, bitácoras de vuelo y de la aeronave, etc, etc. De ahí que el Piloto tiene que tener la capacidad de leer este tipo de información la cual proviene en Ingles.

Hablar el idioma Ingles

2.- La segunda es el poder hablar el idioma Ingles. Obviamente el poder operar una aeronave en cualquier espacio aéreo en el mundo es necesario comunicarse y hacerlo predominantemente en Ingles. Digo predominantemente porque aunque la ICAO (International Civil Aviation Organization), la cual regula las actividades de aviación a nivel mundial, dicta que las comunicaciones en aviación deberan de darse en Ingles. Y lo paradójico es que aunque entedemos esto en todo el mundo, aun sigue siendo imposible forzar a un piloto foráneo ha hablar Ingles en su país de Idioma natal. De ahí que es imposible obligar a un piloto frances a hablar en Ingles en su propio país, ó a un alemán hablar ingles en su propio país, ó ha un piloto mexicano hablar Ingles en su propio país. Pero en todos estos países los controladores deben de ser muy fluidos en el Ingles, para poder responder cuando se les hable en Ingles. Es curioso pero yo no he podido aun hablar las comunicaciones en Español, debido al hecho de que todo mi entrenamiento lo realice en Estados Unidos, en el estado de Arkansas, pero cuando vuelo en México encuentro que los controladores mexicanos no solamente hablan perfecto el Ingles, sino que también son muy amables convirtiendose en un placer el volar en México.

Escribir el idioma Ingles

3.- La tercera es el poder escribir el idioma Ingles. Muchas de las actividades que realizamos como pilotos envuelve el poder grabar de una forma escrita la información que recibimos, por ejemplo; al escuchar el clima del aeropuerto es necesario escribirla para poder digerirla mejor y entender a exactitud las condiciones del clima en el aeropuerto de nuestro destino. También al copiar plan de vuelos, copiar diferentes autorizaciones para operar en los diferentes aeropuertos controlados que existen. Especialmente si se opera en condiciones por instrumentos, es indispensable el poder escribir el idioma Ingles.

Es aquí donde deberemos de entender claramente que debemos de desarrollar técnicas de escritura que nos permitan escribir la información que recibimos y no tener que confiar solo en nuestra memoria, la cual nos traicionara cuando estemos bajo estrés ó nerviosismo. Así que yo te animo a que inviertas en una buena tableta, papel y lapiz, la cual puedas tener siempre a la mano en el avión con este fin.

Entender el idioma Ingles

4.- La cuarta es el poder entender el idioma Ingles. Muchos de los errores mas comunes que cometemos es el hecho de no entender exactamente lo que el controlador nos dice. Y esto sucede no solo con nosotros que no tenemos el Ingles como lengua nativa. Sino que también aun a los pilotos que nacieron y crecieron hablando Ingles en ocasiones se enfrentan al problema de no entender lo que los controladores les dicen. Es paradójico pero si es posible hablar Ingles perfectamente y aun así no entender lo que el controlador nos dice. de la misma forma en que si se puede hablar español y no entender lo que se nos dice en español.

En mis principios como Instructor yo asumía que el problema del Ingles venia en nosotros por no haber crecido en un pais donde el Ingles sea el idioma nativo, mas ahora descubro en mi experiencia atravez de los años instruyendo, que aun los americanos tienen dificultades para hablar el Ingles especialmente cuando involucra el hablar en el radio.

Hablar en el radio nos hace sentir "desnudos"

Y es que el hablar en el radio nos hace sentir expuestos, *"desnudos"*, sentimos que nos están evaluando y a ninguno de nosotros los seres humanos nos agrada esto. Es muy común que la persona que habla un Ingles perfecto una vez que oprime el botón del micrófono se paraliza con temor y ocurra el conocido *"aaaaaaahhhhhh... .....".* De hecho muchas veces creo que el botón del micrófono es el botón que desconecta nuestro cerebro a la hora que tenemos que transmitir en el radio, esto debido a sentirnos expuestos al hablar. Así que como veras estos problemas de hablar Ingles en la aviación no solo les sucede a los pilotos que procedemos de países donde el Ingles no es el idioma nativo. Sino que aun a los nativos de este país les ocurre.

Debemos de entender que el proceso del hablar Ingles en la aviación es algo muy especializado, el cual requiere entrenamiento y practica adecuada. Esto nos ayudara a alcanzar niveles muy satisfactorios. El 75 % de mis clientes son foráneos y todos cuando vienen a entrenar vienen con la preocupación del Ingles. La mayoría de ellos después de entrenar rigurosamente terminan adaptandose a ello, volando en los Estados Unidos de una manera muy familiar y disfrutando esta nueva herramienta que el Ingles nos trae.

El Ingles; El idioma internacional de la Aviación.

El 1 de Noviembre de 1944 en respuesta a una iniciativa de Inglaterra, el gobierno de los Estados Unidos invito a 55 Países aliados y neutrales para reunirse en la ciudad de Chicago, Ill. De todos estos invitados solo 52 atendieron a esta reunión. El objetivo de esta reunión era discutir los problemas que la Aviación Civil estaba encontrando a nivel mundial.

Fue ahí donde surgió la formación de la ICAO (International Civil Aviation Organization). Que es la Organización Internacional de Aviación Civil. En esta convención se vio la necesidad de implementar el Ingles como el lenguaje estandarizado para utilizarlo en la aviación alrededor de todo el mundo. Esto debido al hecho de que los países que dominaban el diseño, la fabricación y la operación de las aeronaves eran países de habla Inglesa. De ahí que tenia sentido que el Ingles fuese el lenguaje estándar usado por los países envueltos en aviación alrededor del mundo.

El propósito era estandarizar el lenguaje para ayudar a evitar malentendidos y confusión, los cuales podrían afectar la seguridad en vuelo. De hecho creo esto es lo único en que nos hemos puesto de acuerdo los seres humanos en todo el mundo.

3

LAS CINCO ¨ W ¨ , LA MEJOR HERRAMIENTA DE LA COMUNICACION.

Aunque las comunicaciones en Ingles es algo muy difícil para nosotros los pilotos que no tenemos el Ingles como idioma nativo. Deseo mencionar que tenemos dos ventajas enormes para ayudar a conquistar esta limitación.

La primera es que el Ingles que se necesita para comunicarse en los Estados Unidos es muy repetitivo, de ahí que podemos anticipar la secuencia en lo que debemos de hablar en el radio. En todos los espacios aéreos es casi la misma secuencia, con algunas adaptaciones para operar en el aeropuerto de destino. Ademas, el hecho de tener que repetir al controlador lo que nos dijo, (de esa forma El confirmara que entendimos toda la información que nos dio) esto se vuelve muy natural al paso del tiempo.

La segunda ventaja es el hecho de que no tenemos que decir las sentencias completas, en las comunicaciones de aviación es imperante *"cortar"* las comunicaciones lo mas pequeño y practico posible. Recuerda que solo un piloto puede estar hablando en la frecuencia al mismo tiempo, esto es una limitación del radio, no es como el teléfono donde varios pueden hablar al mismo tiempo. Debido a esta limitación es necesario que no llenemos el radio con fraseología que solo entorpecerá el proceso de las comunicaciones. Se espera de parte del controlador que nosotros como pilotos podamos comunicar de una forma breve y clara, utilizando lo términos propios de la comunicación en Ingles los cuales están descritos en los FAR (Federal Aviation Regulations).

Es cuando tratamos de decir mucho en el radio cuando nos metemos en problemas y hacemos esto tratando de cubrir el hecho de que no sabemos un Ingles avanzado. Esto es un mecanismo de defensa que nosotros los seres humanos implementamos primitivamente pero lo único que hace es perjudicarnos.

Utilizando estas dos ventajas, a través de los años he tenido la oportunidad de desarrollar una técnica que me gusta llamara las 5 *"W"*. Las cuales me ayudan a incluir toda la información que necesito para operar en cualquier aeropuerto, en cualquier tipo de espacio aéreo, en cualquier parte del mundo. Considero que las 5 "*W*" son una herramienta necesaria de incluir en la preparación para comunicarnos en nuestros vuelos.

Estas 5 "W" son solo una idea que me ha funcionado a mi a través de los años volando en los Estados Unidos. No es la única forma pues existen mas, pero yo te la comparto aquí porque se te va a ayudar como me a ayudado a mi.

"Whom". ¿Con quién estas hablando.?

La primera *"W"* es la palabra ***WHOM*** la cual significa; ***¿DE QUIEN?.*** Utilizando esta palabra en el proceso de las comunicaciones en Ingles seria; *¿de quien recibes la comunicación?.* O para explicarlo mejor; *¿con quien estas hablando?.*

En el primer contacto que hagamos en las comunicaciones siempre será necesario definir a quien nos estamos dirigiendo ó de quien estamos recibiendo las comunicaciones. En algunas ocasiones puede ser el controlador de torre, otro piloto en el mismo aeropuerto, el empleado del FBO, el controlador de aproximaciones, etc, etc. En la primera transmisión siempre sera necesario definir con quien hablamos;

*Pilot: **Mcallen ground**, Cessna NN1234, at Eddie Aviation ramp, taxi to Runway 13, information ALFA.*

En este ejemplo, *"**Mcallen ground**"* es la agencia con la que estamos contactando.

"Who". ¿Quien eres?.

La segunda *"W"* es la palabra ***WHO*** que traducido significa; ***¿QUIEN?.*** En las comunicaciones en Ingles lo usaríamos para identificarnos utilizando la matricula de nuestra aeronave. Los controladores como otros pilotos en ocasiones tendrán la necesidad de confirmar visualmente cual de todos los aviones en la rampa esta transmitiendo. De ahí que usaremos esta *"W"* para definir quienes somos;

*Pilot: Mcallen ground, **Cessna NN1234**, at Eddie Aviation ramp, taxi to Runway 13, information ALFA*

En este caso ***"Cessna NN1234"*** es la matricula ficticia de nuestra aeronave.

"Where". ¿Donde estás?.

La tercera *"W"* es la palabra ***WHERE*** que traducida al español significa; ***¿DONDE?.*** Con ella estableceremos nuestra posición en el aire ó en la tierra, de tal forma de que los demás pilotos ó controladores puedan ubicar nuestra posición. Es muy difícil tener contacto visual con otro avión especialmente en el aire cuando volamos, de ahí la inmensa importancia de reportar siempre nuestra posición;

*Pilot: Mcallen ground, NN1234, **at Eddie Aviation ramp**, taxi to Runway 13, information ALFA.*

Aquí nuestra posición es en ***"Eddie Aviation ramp"***, con lo cual el controlador o los demás pilotos en el área podrán orientarse de donde nos encontramos ubicados.

"WHAT". ¿QUÉ QUIERES?.

La cuarta *"W"* es la palabra ***WHAT*** que traducida significa; ***¿QUE?.*** Y en las comunicaciones aéreas la utilizaremos para describir la naturaleza de lo que estamos solicitando. *¿que es lo que queremos de la agencia a la que estamos contactando?.* Seria absurdo si al contactar al controlador ó a otro piloto no le especificamos la naturaleza del contacto en el radio por lo cual le llamamos. Así que utilizando esta *"W"* diríamos lo que queremos;

Pilot: Mcallen ground, NN1234, at Eddie Aviation ramp, ***taxi to Runway 13,*** *information ALFA.*

El movernos de la rampa a la pista activa ***"taxi to Runway 13"*** es lo que queremos en este ejemplo.

"WITH". ¿CON INFORMACIÓN?.

Y la quinta *"W"* es la palabra ***WITH*** que traducida al español significa; ***¿CON?.*** Dentro de nuestras comunicaciones la incluiríamos para definir el código fonético que representa la información del clima mas reciente que hemos recibido. De esta forma el controlador sabrá que tenemos la información mas reciente y de haber cambiado el código El nos lo hará saber. Así que con esta *"W"* establecemos que información de clima tenemos;

Pilot: Mcallen ground, NN1234, at Eddie Aviation ramp, taxi to Runway 13, information ***ALFA.***

Aquí el código del clima seria ***"Information ALFA"*** lo cual seria el final de nuestras transmisiones en el radio.

Conclusión.

Utilizando estas 5 *"W"* siempre habrás incluido la información que necesitas transmitir en el radio en las comunicaciones en Ingles. También usándolas de esta forma no correrás el riesgo de olvidar algo que haría que los demás no te entendiesen.

Te animo a que desarrolles el habito de utilizar esta técnica lo cual te permitirá mantener las comunicaciones claras y breves. Y con el tiempo descubrirás que este formato funciona en todas partes del mundo. Usalas pues se que te van ha ayudar a convertir en un piloto muy eficiente en tus comunicaciones. Aunado al hecho de que quien te escuche recibirá toda la información que posiblemente necesite para interactuar contigo.

4

ESPACIO AEREO CLASE A

El espacio aéreo clase ALFA, es aquel que comienza en los Estados Unidos a los 18,000 pies sobre el nivel del mar incluyendo 12 millas náuticas alrededor de la costa. Para poder operar en este espacio aéreo es necesario contar con la capacidad de instrumentos y la aeronave estar equipada para poder volar IFR (Instrument Flight Rules). Ademas de contar con la autorización IFR apropiada de parte de los controladores para operar en este espacio aéreo antes de ingresar en el.

Como este manual esta dedicado para operaciones VFR (Visual Flight Rules) solamente, no tenemos la necesidad de cubrir las comunicaciones en este espacio aereo controlado. Así que no te preocupes pues la mayor parte de las aeronaves pequeñas casi nunca operamos en este espacio aéreo, especialmente cuando las operaciones VFR están prohibidas. En la siguiente figura se describen las diferentes clases de espacios aéreos en los Estados Unidos.

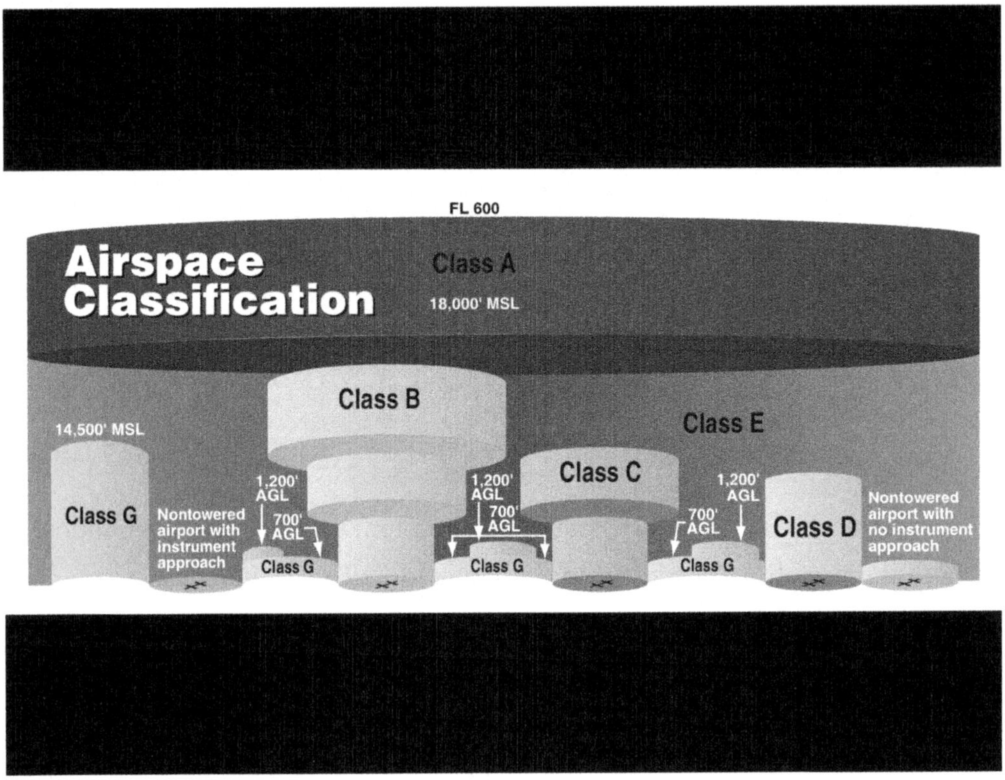

Espacios aéreos en los Estados Unidos.

5

ESPACIO AEREO CLASE B

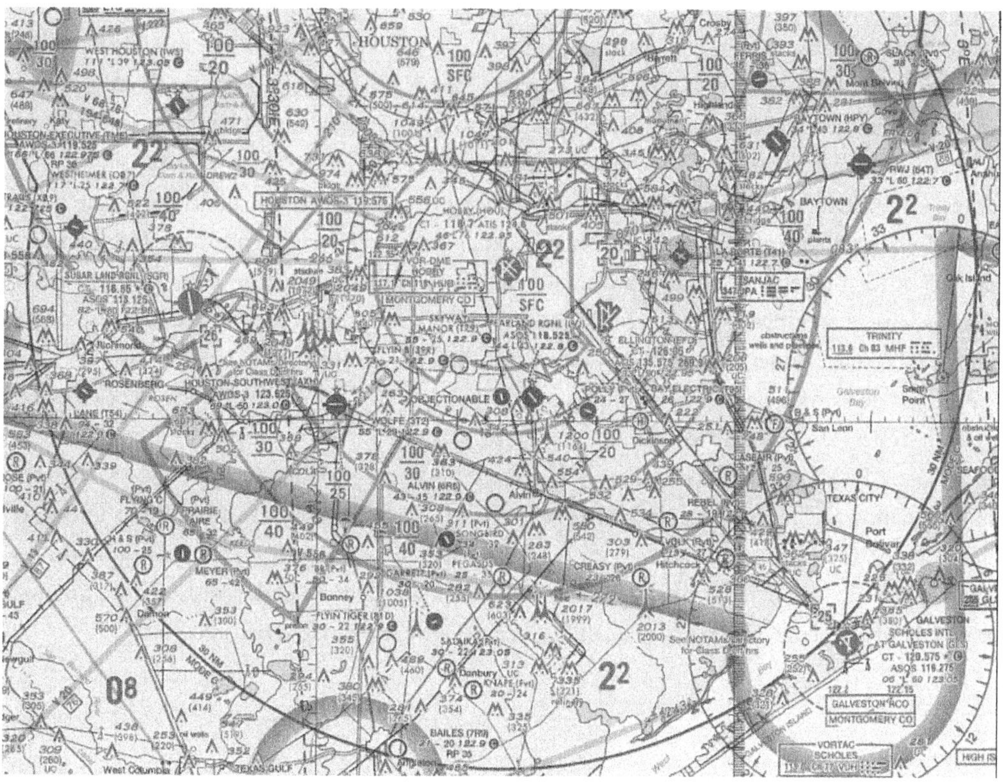

Espacio aéreo clase BRAVO en Houston, Tx.

Cuando hablamos de espacio aéreo clase BRAVO, se me viene a la mente la Ciudad de Houston, Texas. Una de las ciudades mas grandes de los Estados

Unidos, y es en las ciudades mas grandes del país donde se desarrollan este tipo de espacios aéreos.

El espacio aéreo clase BRAVO generalmente comienza desde la superficie del aeropuerto hasta una altura de 10,000 pies sobre el nivel del suelo. La configuración de cada aeropuerto clase BRAVO cambia pues esta diseñada tomando en cuenta las necesidades del área en particular en el que este espacio aéreo esta localizado.

Consiste en una capa que va desde la superficie del suelo hasta el techo de este espacio aéreo, seguido por 2 o 3 capas mas alrededor del aeropuerto primario, como se muestra en la figura superior.

Para poder ingresar a estos espacios aéreos, es necesario recibir la autorización de parte del controlador, es decir que en este espacio aéreo es necesario escuchar al controlador decir las palabras ***"CLEARED INTO THE BRAVO AIRSPACE"*** de lo contrario no podremos ingresar en el. Ademas necesitamos establecer radio comunicaciones con el controlador del tipo ***"two way communications"***, que quiere decir nosotros le hablamos y el controlador nos contesta usando la matricula de nuestra aeronave. Y por ultimo nuestro avión deberá de estar equipado con un ***"transponder"*** que tenga la capacidad de reportar la altura, para poder penetrar el borde magenta de 30 millas que se muestra en la figura superior. Debido a que estos espacios aéreos siempre están congestionados necesitamos contar con los requisitos arriba mencionados para poder operar de una forma legal y segura en estos espacios aéreos.

Algunos de estos espacios aéreos se asemejan a un pastel de boda invertido. Por lo menos el piloto deberá de tener un certificado de piloto privado para poder operar en este espacio aéreo clase BRAVO. Algunos estudiantes de piloto podrán operar en alguno de los aeropuertos localizados alrededor del aeropuerto principal, previendo que hayan obtenido entrenamiento y una firma en sus bitácoras por un instructor de vuelo certificado. Atestiguando de que el estudiante es eficiente operando es este espacio aéreo. Esto con la finalidad de que estos estudiantes puedan obtener sus certificados de piloto recreativo ó privado.

OTRA CARTA VISUAL DE NAVEGACIÓN MUY USUAL EN ESTE ESPACIO AÉREO.

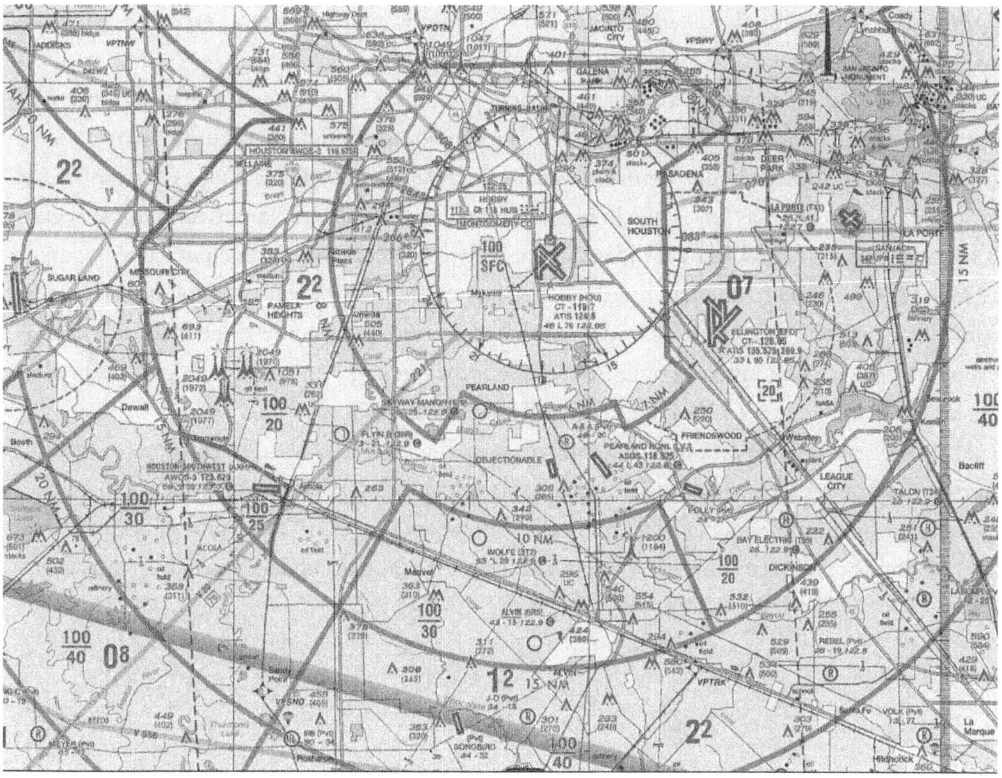

TAC (Terminal Aeronautical Chart)

Como pueden darse cuenta, en la carta de navegación visual conocida como *"Houston sectional"* esta muy congestionada toda la información de los aeropuertos debido a la multitud de ellos. Así que en orden de poder asistir en dar mas y mejor información se han establecido las cartas de navegación TAC (Terminal Area Chart) donde la escala es aun mayor, permitiendo tener acceso a mas información aeronáutica. En el ejemplo de la figura superior se darán cuenta de la claridad con que la información es presentada para nosotros los pilotos volando visual. Sin duda es una de las herramientas que deberemos de tener a la mano al operar en estos espacios aéreos. Pues en ellas se encuentran las frecuencias en mejor detalle y también hay puntos visuales que el controlador requiere reportemos, al entrar a nuestro aeropuerto de destino.

En la carta de navegación encontraras un cuadro de bordes blancos alrededor de los espacios aéreos de la ciudad de Houston, en los márgenes contiene las palabras TAC. Es este cuadro de bordes blancos el que delimita los bordes de la carta de navegación TAC la cual puedes adquirir en cualquier FBO como parte de tu preparación para ir a estos espacios aéreos.

En este ejemplo en particular, utilizaremos el Aeropuerto de Houston, Tx. ***William P. Hobby*** para demostrar el procedimiento de las comunicaciones al operar en este espacio aéreo clase BRAVO.

En la carta de navegación inferior de esta pagina, podremos darnos cuenta de que la información del aeropuerto aparece en azul, esto con la intención de poder distinguirlo de otros aeropuertos. Y en la primera linea vemos que aparece ***HOBBY (HOU)*** lo cual es el nombre del aeropuerto, seguido de las letras que lo identifican en el espacio aéreo americano. En la segunda linea aparece ***CT.118.7*** la cual identifica a la torre de control. En la cuarta linea aparece ***ATIS 124.6*** que es la frecuencia donde podremos obtener la información del clima. Y en la ultima linea aparece ***46*** que es la elevación del aeropuerto, seguido de la letra ***L*** que indica el aeropuerto cuenta con luces, el numero ***76*** que indica el largo en cientos de pies de la pista mas larga y la frecuencia ***122.95*** que es la del UNICOM/FBO.

Al estar organizada de esta forma la información, nos es fácil planear la entrada a este aeropuerto pues tenemos a la vista las frecuencias y la información principal que necesitamos para operar. También es una buena practica el tener una copia del A/FD (Airport/Facility Directory) en donde encontraremos información adicional de las frecuencias que deberemos usar.

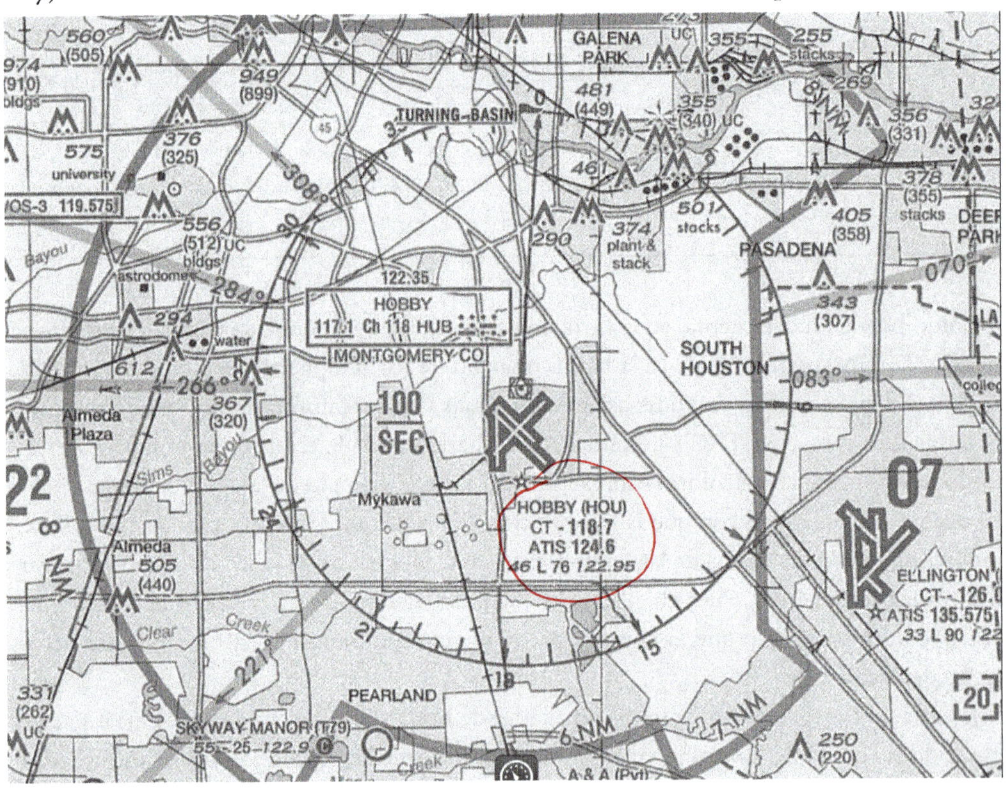

Aeropuerto de Houston, HOBBY.

ESCUCHANDO EL ATIS PARA ENTRAR A ESTE ESPACIO AÉREO CONTROLADO CLASE BRAVO.

En orden de poder proveer a los pilotos con la información del clima en el aeropuerto de destino. Los controladores de la torre de control graban la información cada hora. O si algo cambia dramáticamente lo hacen en menos de una hora. Y para poder definir cada grabación asignan un código utilizando el alfabeto fonético. De esta forma todos los pilotos pueden escuchar la información y el controlador no tendrá que repetirlas a cada piloto.

Asi que nosotros los pilotos con suficiente tiempo (yo digo que aproximadamente con 50 millas de nuestro aeropuerto de destino) deberemos de comenzar a escuchar la información y escribirla para poder digerirla mejor. Una vez que hagamos contacto con el controlador mencionaremos el código que recibimos, para que el controlador verifique tenemos la información mas reciente.

Es muy importante anotar lo que escuchemos, pues ello nos permitirá no solo tener la información a la mano pero también poder digerir con calma lo que esta sucediendo en el aeropuerto. Así que sintonizamos la frecuencia ***124.6*** del aeropuerto de ***HOBBY*** y escuchamos lo siguiente;

Houston Hobby tower, information DELTA, 0016 zulu, wind 150 at 10, visibility 10, sky conditions 10,000 scattered, temperature 37, dew point 21, altimeter 2970, remarks density altitude 2800, expect visual approach Runway 12 right and 12 left, advise you have information DELTA.

Yo recomiendo que escuchemos varias veces la información y la anotemos hasta que estemos seguros de que tenemos todo lo que la grabación dice. A mi me gusta utilizar la forma vertical de escribir pues me permite hacer correcciones hacia el lado derecho de lo que escribí si así lo amerita al escuchar por segunda vez el ATIS. Así que yo lo escribiría de esta forma;

HOU
DELTA
0016 Z
150-10
V10
10,000 SCT
37/21
2970
DA 2800
RWY 12R/12L
DELTA

No importa que forma utilizes para escribir la información, solo asegúrate de escribirla y tenerla a la mano para referencias futuras cuando te aproximas al aeropuerto de destino.

La otra razón por la que yo recomiendo que se escriba, es el hecho de que si nos ponemos a pensar y a escribir al mismo tiempo nos será muy difícil poder entender, debido al hecho de que nuestro cerebro solo puede hacer una cosa a la vez. Así que nos concentramos en anotar, sin pensar y una vez que terminemos de escribir entonces nos concentramos en pensar lo que la información del ATIS nos dijo. Y mas de una vez encontraras de que tendrás que volver a lo que escribiste para confirmar algo mas de la información. Así que no seamos resistentes a anotar todo esto en papel.

En ocasiones los pilotos sentimos que seremos *"menos"* profesionales si anotamos las comunicaciones, pero en realidad creo que somos mas profesionales si lo hacemos.

Ahi tienes la información que nos dice; **El aeropuerto es el de Houston HOBBY, el código es DELTA, la hora en Zulu 0016, la dirección del viento 150 a 10 nudos, la visibilidad 10 millas, las nubes tienen 10,000 pies en las bases medio nublado, la temperatura 37, el punto de rocío 21, la presión barométrica 2970, la densidad de aire 2800, pista en uso 12 derecha y 12 izquierda, una vez mas el código DELTA.**

Es importante capturar esta información lo mas lejos posible, de esta forma tendremos tiempo en la cabina para poder organizarnos antes de ingresar al espacio aéreo controlado. Es siempre un muy buen habito el poder *"adelantarse al avión"* porque en estos espacios aéreos todo sucede tan rápido que el avión siempre nos gana.

Aproximación: La agencia que controla la entrada al espacio aéreo clase BRAVO.

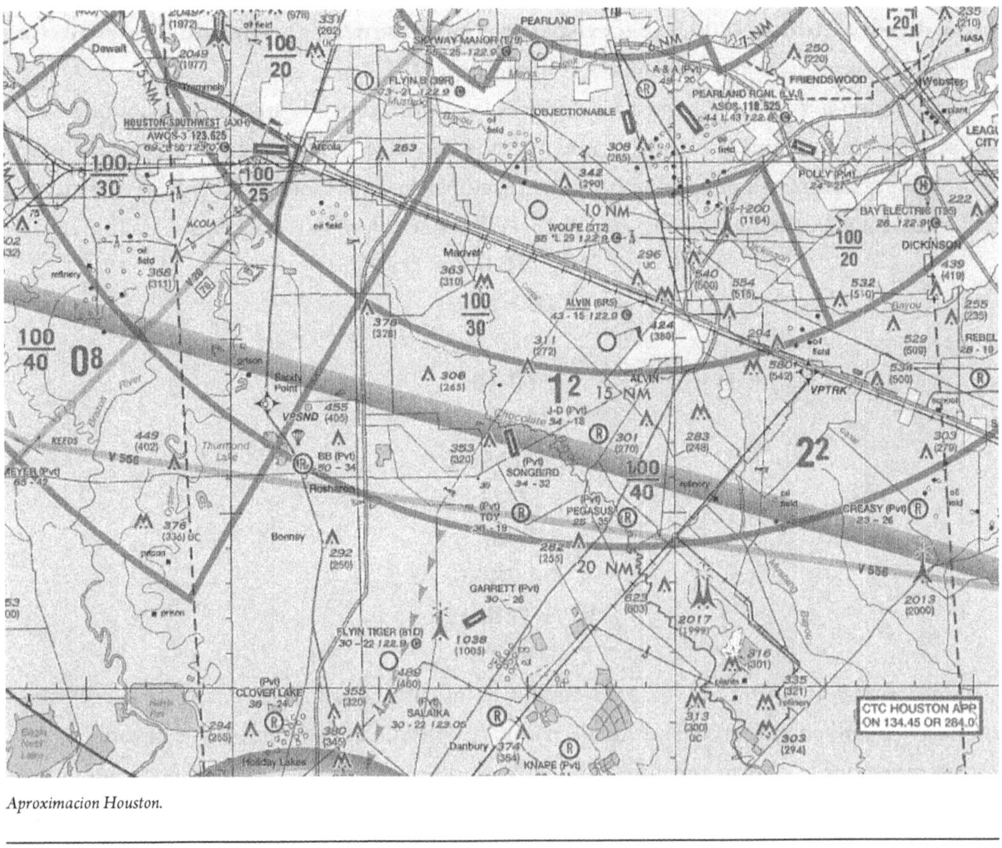

Aproximacion Houston.

Como podrás observar en la figura superior, encontraras que el espacio aéreo esta definido con una raya azul solida. La cual indica la orilla de las diferentes capas que componen el espacio aéreo clase BRAVO. Y dentro de estas capas encontraras unos números azules encima de otros separados por una linea. El numero de abajo indica el piso y el de arriba indica el techo del espacio aéreo clase BRAVO respectivamente.

Nosotros estamos simulando que nos aproximamos del Suroeste a una altura de 5500 pies. Como nuestro aeropuerto de destino KHOU se encuentra dentro de las capas azules, tenemos que establecer contacto con el controlador de aproximación que controla esa área y recibir de El autorización para entrar a su espacio aéreo. La frecuencia la podrás encontrar en la carta de navegación TAC en el lado inferior derecho de la imagen superior, en un rectángulo blanco con bordes azules que dice;

CTC HOUSTON APP ON 134.45 OR 284.0

Lo cual significa que debemos contactar la frecuencia de aproximación Houston en ***134.45***, podrás intentar sintonizar ***284.0*** y te darás cuenta de que no entran los números en tu radio. Esto es debido al hecho de que estas son frecuencias discretas que solo los pilotos militares tienes acceso y por razones obvias de seguridad los pilotos civiles no podemos tener acceso.

También puedes encontrar esta información en el A/FD (Airport/Facility Directory) en la Figura de abajo, donde te indica aun la frecuencia que debes de contactar dependiendo de donde te aproximes. Pues el espacio aéreo es muy grande por lo cual se han establecido diferentes frecuencias para mantener el trafico separado y que no congestionen una sola frecuencia.

Y si por alguna razón te equivocas al seleccionar la frecuencia mas cercana a tu rumbo de aproximación, el controlador te corregirá dándote la frecuencia correcta.

Así que una vez que hayamos escuchado la información del ATIS sintonizamos la frecuencia ***134.45*** en el radio y utilizando las 5 *"W"* contactamos al controlador diciendo algo como;

Pilot: Houston approach, Cirrus NN1234, 35 miles southwest 5500 VFR, landing HOBBY, information DELTA.

Approach: Cirrus NN1234, squawk 0332 and ident, remain outside class BRAVO airspace, until radar contact.

Pilot: Cirrus NN1234, squawking 0332 and ident, outside class BRAVO, until radar contact.

Recuerda de que en orden de poder operar en espacios aéreos clase BRAVO es necesario establecer comunicación del tipo "two ways" es decir tu llamas al controlador y el controlador te responde usando la identificación de tu aeronave. Pero ademas necesitas recibir autorización para entrar a este espacio aéreo, necesitas escuchar las palabras ***"CLEARED INTO CLASS BRAVO AIRSPACE"*** de parte del controlador antes de poder ingresar. El hecho de que nos asigne un código *"transponder"* no constituye una autorización para entrar, es necesario escuchar la palabra ***"CLEARED... "***. Así que en este caso el controlador aun nos pide que nos mantengamos fuera del espacio aéreo hasta que el nos de la autorización para entrar;

Approach: Cirrus NN1234, radar contact, cleared into the BRAVO airspace, descend and maintain 3500 maintain VFR.

Pilot: Cirrus NN1234, is cleared into BRAVO airspace, maintain VFR, descend to 3500.

Ahora con libertad podremos ingresar al espacio aéreo clase BRAVO y una vez que alcancemos la altura que el controlador nos asigno, debemos mantenerla pues recuerda estamos ahora controlados y debemos obedecer al pie de la letra lo que El ordena, a menos de que sus instrucciones pongan en riesgo nuestro vuelo ó nosotros como pilotos en comando detectemos que no podemos seguir sus direcciones por algún motivo en particular, por lo cual deberemos de hacérselo saber y buscar encontrar soluciones alternas.

Una vez dentro del espacio aéreo en realidad todo se vuelve mas fácil, pues ahora nos preocuparemos por solo 2 cosas: Mantener la dirección y la altura que El nos asigne;

Pilot: Houston approach, Cirrus NN1234, level at 3500.

Approach: Cirrus NN1234, turn right heading 050, HOBBY airport 2 o'clock, advise airport in sight.

Pilot: Cirrus NN1234, turning heading 050, searching, we will advise airport in sight.

De aquí en adelante el controlador nos dará diferentes instrucciones las cuales nos llevaran al aeropuerto de destino y nosotros solo debemos de preocuparnos por obedecer sus instrucciones.

Una vez que tengamos contacto visual con el aeropuerto deberemos informarle al controlador para que El nos de la autorización de cambiar frecuencia a la torre, pues aun esto no pedemos hacer sin que El nos lo asigne. Recuerda repetirle al controlador las direcciones que te de, pues de esta forma El podrá confirmar de que entendimos sus direcciones. Si algo esta mal El se encargara de corregirnos o darnos ayuda extra;

Pilot: Houston approach, Cirrus NN1234, have HOBBY airport in sight.

Approach: Cirrus NN1234, contact HOBBY tower, on 118.7

Pilot: Cirrus NN1234, contact tower on 118.7

De esta forma estamos ahora autorizados para cambiar frecuencias y comunicarnos con la torre de control en el aeropuerto de destino.

WEATHER DATA SOURCES: ASOS (713) 847–1462 TDWR.
COMMUNICATIONS: D–ATIS 124.6 (713) 847–1491 **UNICOM** 122.95
HOBBY RCO 122.35 (MONTGOMERY COUNTY RADIO)
® **HOUSTON APP CON** 134.45 (South) 124.35 (West) 120.05 (East)
HOBBY TOWER 118.7
HOUSTON GND CON 121.9 **CLNC DEL** 125.45 **PRE–TAXI CLNC** 125.45
® **HOUSTON DEP CON** 134.45 (South) 123.8 (West) 119.7 (North)
AIRSPACE: CLASS B See VFR Terminal Area Chart
VOR TEST FACILITY (VOT) 108.4
RADIO AIDS TO NAVIGATION: NOTAM FILE HOU.
HOBBY (H) VORW/DME 117.1 HUB Chan 118 N29°39.34´
ILS/DME 109.9 I–HUB Chan 36 Rwy 04. Class IIIE. DM
ILS/DME 111.3 I–PRQ Chan 50 Rwy 12R. Class IE. DM
LOC/DME 109.9 I–OIB Chan 36 Rwy 22. DME also serves
ILS/DME 111.3 I–UPU Chan 50 Rwy 30L. Class IE. DM

Directorio de las facilidades del Aeropuerto.

Contactando la torre de control primaria en espacio aéreo clase BRAVO.

Ahora tendremos que contactar la torre de ***HOBBY,*** la cual controla todas las operaciones en este aeropuerto en el aire y en el suelo. No tenemos que decirles mucha información pues ellos ya saben que venimos, el controlador de aproximación ya se encargo de coordinar nuestra entrada. En orden de agilizar las comunicaciones (pues estos espacios aéreos siempre estan muy congestionados de trafico) no debemos de consumir mucho tiempo en el radio diciendo cosas que no son esenciales ó saturando la frecuencia, así que diremos algo como;

Pilot: HOBBY tower, Cirrus NN1234, with you level at 3500.
Tower: Cirrus NN1234, enter right base for Runway 12 right.
Pilot: Understand, Cirrus NN1234, right base for Runway 12 right.

Así que procedemos a prepararnos para nuestro aterrizaje y una vez que comencemos la vuelta al básico por la derecha, como nos autorizo el controlador le contactaremos una vez mas para recibir nuestra autorización para el aterrizaje;

Pilot: HOBBY tower, Cirrus NN1234, turning right base, Runway 12 right.
Tower: Cirrus NN1234, cleared to land, Runway 12 right.
Pilot: Cirrus NN1234, cleared to land, Runway 12 right.

Continuaremos con la aproximación y aterrizaje buscando salir de la pista lo mas pronto y practico posible. Ayuda mucho avisar con tiempo al controlador de torre en donde tenemos la intención de parar en la rampa para que El organice nuestra salida de la pista. Asumiendo de que vamos al FBO de Eddie Aviation el cual esta localizado en la parte Este del aeropuerto lo comunicaremos al controlador;

Pilot: HOBBY tower, Cirrus NN1234, we are going to Eddie Aviation FBO.

Tower: Cirrus NN1234, turn left at taxiway LIMA, contact ground control 121.9

Pilot: Cirrus NN1234, left at LIMA, contact ground 121.9

Una vez que hayamos identificado la salida LIMA y que estemos libres del área de la pista 12 derecha, procederemos a cambiar frecuencias de la torre a la tierra. Y es el controlador de tierra quien nos dará las siguientes indicaciones para poder llegar a nuestro FBO. Es muy importante evacuar la pista lo mas pronto posible, pues siempre en estos aeropuertos es posible que tengas varias aeronaves aterrizando detrás de ti. Así que de una forma segura pero rápida debemos dejar la pista libre para el próximo avión.

DIFERENTES OPERACIONES EN EL AIRE EN ESPACIO AÉREO CLASE BRAVO.

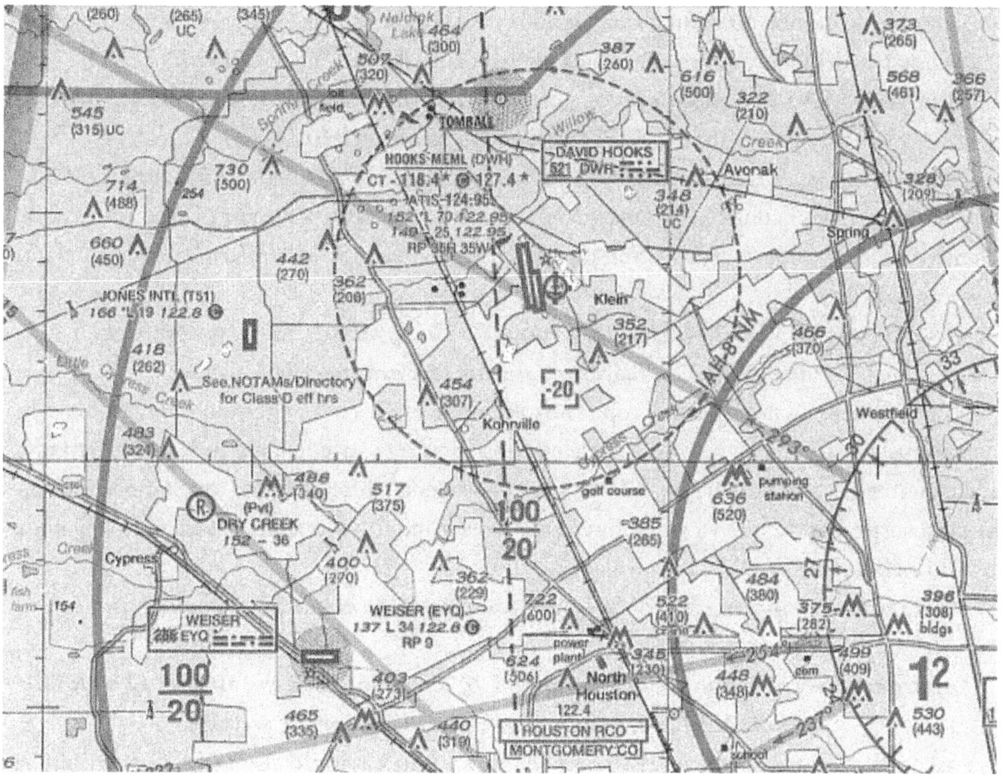

Aeropuerto Houston HOOKS.

Algunas ocasiones tendremos que penetrar el espacio aéreo clase BRAVO, para aterrizar en otro aeropuerto secundario, como en la figura superior se muestra para el aeropuerto de HOOKS MEML (DWH). El cual se encuentra bajo el espacio aéreo clase BRAVO y es en si un aeropuerto clase DELTA. Asumiendo que nos aproximamos del Suroeste a 5500 pies, después de haber escuchado el ATIS del aeropuerto el procedimiento de comunicaciones seria la siguiente utilizando las 5 *"W"*;

Pilot: Houston approach, NN1234, 35 miles southwest 5500, landing HOOKS memorial, information ECHO.

Approach: NN1234, squawk 4356 and ident remain outside of class BRAVO airspace until radar contact.

Pilot: NN1234, squawking 4356 ident, remain outside class BRAVO.

Una vez que coloquemos los números ***4356*** en nuestro *"transponder"* no olvidemos oprimir el botón de *"ident"*, lo cual hará que nuestro avión brille con mas intensidad en la pantalla del radar, con lo cual el controlador podrá identificarnos mas fácilmente. Aquí el controlador ya estableció radio comunicación con nosotros al mencionar nuestra matricula, nos dio el código *"transponder"* para entrar al espacio aéreo, pero aun no nos autoriza la entrada pues no hemos escuchado las palabras mágicas ***"CLEARED INTO".*** Muchas veces pensamos que por el hecho de darnos un codigo transponder ya estamos autorizados para entrar al espacio aéreo clase BRAVO. Pero no es así, es necesario oír las palabras ***"CLEARED INTO";***

Approach: NN1234, radar contact, cleared into the BRAVO airspace, descend and maintain 3500, turn left heading 020.

Pilot: NN1234, is cleared into BRAVO airspace, out of 5500 for 3500, turn left 020.

A partir de aquí el controlador nos guiara utilizando alturas y direcciones al aeropuerto de destino. Si algún trafico se atraviesa en nuestra trayectoria el nos *"controlara"* para evitar algún riesgo de colisión;

Approach: NN1234, HOOK airport 1 o'clock, advise the airport in sight.

Pilot: NN1234, searching for the airport, negative contact.

Es muy difícil encontrar los aeropuertos en estos espacios aéreos muy congestionados. Es común el desorientarse y aun perderse en ellos. Si esto te sucede mantén la calma y confiésalo al controlador, busca el apoyo de El, para ello se encuentra ahí, para ayudarnos especialmente si sospechas de que ya estas muy cerca del aeropuerto y puedes pasarte. No hay nada de malo en buscar la ayuda del controlador;

Pilot: Houston approach, NN1234, we don't have the airport, requesting radar vectors.

Approach: NN1234, turn right heading 030, out of the turn the airport 12 o'clock.

Pilot: NN1234, heading 030, searching for the airport.

Y así de esta forma a un punto podrás ver el aeropuerto y avisarlo al controlador, no importa cuantas veces necesites apoyarte en El, debes de hacerlo para que encuentres tu aeropuerto y no hagas algo que pueda peligrar las operaciones. Una vez que tengas un contacto positivo con el aeropuerto dirás algo como;

Pilot: NN1234, we have the airport in sight.

Approach: NN1234, descend and maintain 2500, contact tower on 118.4

Pilot: NN1234, down to 2500, contact tower on 118.4

Ahora podrás contactar la torre de ***HOOKS***, para recibir instrucciones del patrón de trafico y de como aterrizar. Lo cual es un buen momento para que repases el capitulo del espacio aéreo clase DELTA.

Por supuesto que puedes volar por debajo del espacio aéreo clase BRAVO, el cual tiene un piso de 2000 pies, no necesitaras hablar con el controlador de aproximación de Houston mientras no penetres el espacio aéreo. Solo necesitas tener un *"transponder"* con capacidad de reportar altura y puedes entrar VFR. Pero ello te pondría muy cerca del suelo en presencia de antenas y obstáculos muy altos por lo cual yo no lo recomiendo. Pero es legal si decides hacerlo así.

Otras veces quizás necesites pasar por el espacio aéreo clase BRAVO sin tener que aterrizar en ninguno de sus aeropuertos. En lugar de darle la vuelta puedes contactar al controlador y solicitarle autorización para volar en su espacio aéreo, evitando una vuelta muy larga alrededor. Asi que utilizando las 5 *"W"* diremos algo como;

Pilot: Houston approach, NN1234, 35 miles west at 5500, request clearance eastbound through your BRAVO airspace.

Approach: NN1234, squawk 2435 and ident.

Pilot: NN1234, squawking 2435 and ident.

A este punto ya establecimos contacto don el controlador y tenemos nuestro codigo *"transponder"* ahora solo falta escuchar la autorización para poder ingresar al espacio aéreo. Recuerda no puedes entrar a menos que escuches las palabras ***"CLEARED INTO"*** para poder ingresar en este espacio aéreo;

Approach: NN1234, radar contact, maintain VFR, proceed eastbound, cleared into the BRAVO airspace.

Pilot: NN1234, cleared into BRAVO, eastbound maintain VFR.

De esta forma podemos continuar nuestra transición dentro de este espacio aéreo. Pero recuerda que mientras permanezcamos dentro de el estamos sujetos a las instrucciones que el controlador nos diera, hasta que podamos salir al otro lado de su responsabilidad donde nos dirá algo como;

Approach: NN1234, radar service is terminated, squawk VFR, frequency change approved.

Pilot: NN1234, squawking 1200, frequency change approved.

Y de esta forma continuaremos a nuestro destino cambiando las frecuencias como creamos conveniente.

Operando en tierra de entrada a espacio aéreo clase BRAVO.

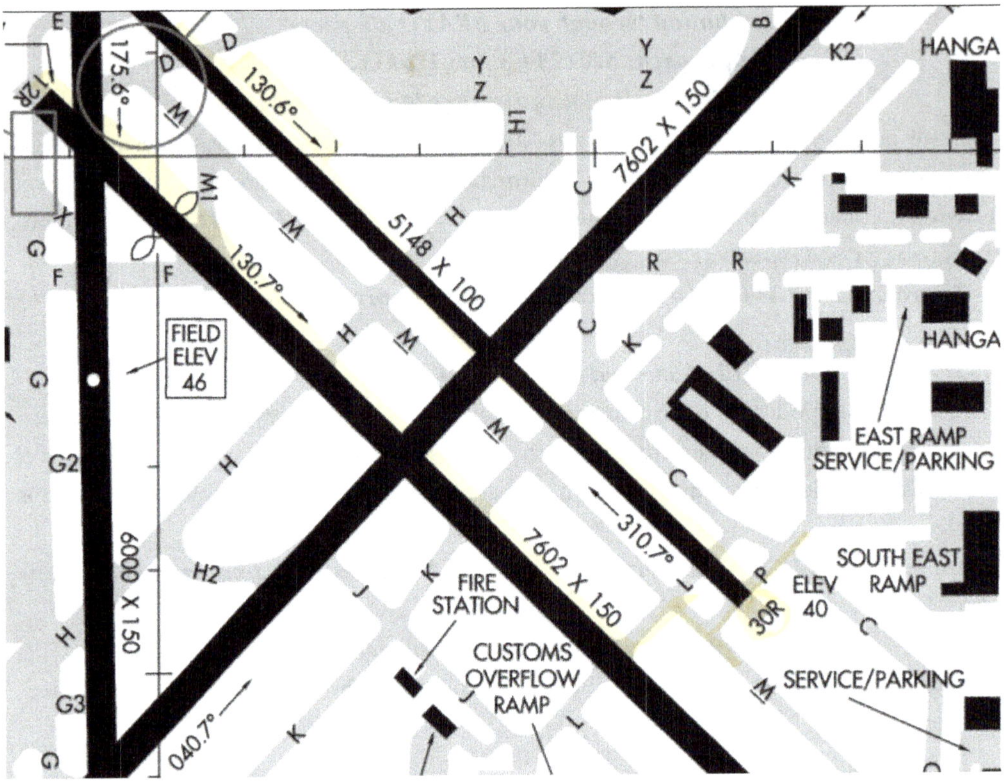

Pista 12 derecha en el Aeropuerto de HOBBY.

Una vez que estemos fuera y libre de la pista 12 derecha, cambiaremos a la frecuencia ***121.9*** con la agencia que se encarga de controlar todos los movimientos en tierra. Debido al hecho de que el aeropuerto es muy grande, tiene siempre muchísimo trafico en el aire y en el suelo, conviene separar las frecuencias y dedicar otros controladores a ser responsables por las operaciones en tierra. De ahí que se asignan otras frecuencias con este fin y el controlador de torre nos indicara cuando debemos de cambiar y nos dará la frecuencia en uso. Así que usando las 5 *"W"* llamaremos al controlador;

Pilot: HOBBY ground, Cirrus NN1234, holding short at LIMA and 12 right, request taxing to Eddie Aviation.

Ground: Cirrus NN1234, taxi to Eddie Aviation, via LIMA, right turn on MIKE, left on PAPA, hold short at Runway 30 right.

Pilot: Cirrus NN1234, taxi to Eddie Aviation, via LIMA, right on MIKE, left on PA-PA, hold short at Runway 30 right.

Como puedes ver es una autorización larga y con las presiones de este tipo de aeropuerto puede ser difícil de entender en el momento. De ahí que es de suma importancia anotar lo que el controlador dijo. Yo lo escribiría de la siguiente forma para leerlo al controlador;

NN1234/ L/ right M/ left P/ short 30R

Se lo repetiría al controlador y si hubiese algún error El se encargara de corregirme. Como puedes vez ahora utilice la forma horizontal de escribir la autorización, como una muestra de que no importa si lo haces horizontal ó vertical lo importante es que lo anotes y si es necesario lo corrijas. Pronto vas a poder desarrollar tu propio método de escribir estas autorizaciones, solo busca hacerlo de la forma en que tu te sientas cómodo.

De acuerdo a la figura arriba continuaremos derecho en LIMA, hasta llegar a la intersección con MIKE, ahí el controlador nos autorizo ya la vuelta a la derecha para continuar hasta la intersección PAPA, en donde daremos la vuelta a la izquierda para detenernos justo antes de entrar a la pista 30 derecha, donde el controlador nos dijo que paráramos. Ahí lo contactamos una vez mas para solicitar permiso y cruzar la pista 30 derecha pues aun no estamos autorizados para cruzarla;

Pilot: HOBBY ground, Cirrus NN1234, holding short at Runway 30 right and PAPA.

Ground: Cirrus NN1234, cross Runway 30 right at PAPA, straight to Eddie Aviation ramp.

Es muy importante el no cruzar una pista activa sin la autorización requerida, lamentablemente es mas común este error de lo que quisiéramos. Los pilotos tenemos la responsabilidad de constantemente estar vigilando nuestra posición al movernos en tierra, esto es algo que no debemos dejar relegado solo al controlador. Debemos siempre de tener disponible a la mano una copia del diagrama de estos aeropuertos como parte de nuestra preparación al operar en aeropuertos que se encuentran dentro de espacios aéreos controlados clase BRAVO. Pues es extremadamente fácil perderse en medio del laberinto en que las vías de carreteo y las pistas se encuentran, especialmente si no estamos familiarizado con el aeropuerto.

DIFERENTES OPERACIONES DENTRO DE ESPACIO AÉREO CLASE BRAVO EN TIERRA.

Diagrama del Aeropuerto Houston HOBBY.

Estos espacios aéreos son tan grandes, que pueden convertirse en complicados especialmente para los pilotos que no estamos familiarizados con ellos. Es muy fácil el perderse en tierra ó desorientarse principalmente cuando operamos de noche. Con esta intención se ha formado un servicio que los controladores ofrecen a los pilotos para ayudarles a moverse en tierra. En este ejemplo el FBO (Fixed Base Operator) ficticio de Eddie Aviation esta localizado en la rampa del *"SOUTH EAST RAMP"*. Este servicio se llama ***"PROGRESIVE TAXI"*** y es solicitado por el piloto al controlador de tierra;

Pilot: HOBBY ground, NN1234, holding short at 12 right and LIMA, unfamiliar with the airport, request progressive taxi, to Eddie Aviation.

Ha este punto el controlador comenzara a darnos direcciones progresivas por donde El quiere que nos vayamos;

Ground: NN1234, continue straight in LIMA… …

Pilot: NN1234, straight in LIMA.

Justo antes de llegar a la intersección MIKE el controlador nos hablara diciendo algo como esto.

Ground: NN1234, turn right at next intersection MIKE… ….

Pilot: NN1234, right in MIKE.

De esta forma nos ira dando instrucciones progresivas de como llegar a nuestro destino, de ahi las palabras ***"PROGRESIVE TAXI".*** Nuestra preocupación será simplemente seguir las direcciones que el controlador nos da una por una;

Ground: NN1234, turn left at PAPA, hold short 30 left… ….

Pilot: NN1234, left at PAPA and hold short 30 left… ….

No tenemos aun permiso para cruzar la pista, así que una vez que hayamos llegado a la orilla debemos avisar al controlador de que estamos parados y listos para cruzar la pista. Es aquí donde el controlador vendrá con la autorización para cruzar;

Pilot: Hobby ground, NN1234, holding short at PAPA and Runway 30 right.

Ground: NN1234, taxi across Runway 30 right at intersection PAPA, continue straight to Eddie Aviation Ramp.

Pilot: NN1234, cleared across Runway 30, straight in PAPA to the ramp.

Y como puedes ver, de esta forma es como si te llevaran de la mano, paso por paso hasta llegar a nuestro destino. Encuentro que en ocasiones nosotros los pilotos somos muy reacios a usar estas herramientas, pues creemos que estamos abusando del sistema y nos meteremos en problemas. Pero tenemos que usar estas herramientas simplemente porque están ahí, diseñadas con esta finalidad. Es cuando *NO* confesamos que necesitamos ayuda cuando podemos meternos en problemas. El controlador va ha apreciar que tu le digas que no estas familiarizado con el aeropuerto, en lugar de que cometas un error y pongas en peligro las operaciones en tierra porque no entendiste las direcciones que te dio.

En otras ocasiones será necesario cambiar nuestra posición de un lugar a otro en tierra, despues de haber aterrizado. Es el caso de nosotros cuando tenemos que movernos de la aduana, pues venimos del extranjero a nuestro FBO. Como podemos ver en la figura de abajo, la aduana se encuentra en la parte inferior de la imagen del aeropuerto y nuestra rampa se encuentra en el extremo medio derecho, donde se localiza el FBO ficticio de Eddie Aviation. Para llegar al FBO envuelve seguir varias vías de carreteo y el cruce de pistas activas. Nosotros tendremos que solicitar el traslado con el controlador de tierra en la frecuencia ***121.9*** diciendo algo como esto;

Pilot: HOBBY ground, NN1234, at customs, request taxi to Eddie Aviation FBO.

Ground: NN1234, taxi to Eddie Aviation, via right in JULIET, LIMA, MIKE, left on PAPA, hold short Runway 30 right.

Pilot: NN1234, taxing to Eddie Aviation, via right in JULIET, LIMA, MIKE, left on PAPA, hold short Runway 30 right.

Esta puede ser una de las autorizaciones mas complicadas que recibamos en nuestras carreras como pilotos aviadores VFR al operar en este tipo de aeropuertos. Pero la clave en leerlo de vuelta al controlador y de entender lo que dijo esta en como lo escribimos. Recuerda no pienses mientras escribes pues pierdes el hilo de la autorización. Toma tu tiempo en escribirla y después con calma te pones a analizarla. Déjame utilizar el ejemplo de escribirla verticalmente para que veas que también funciona;

NN1234
Ed. Aviat.
right JULIET
LIMA
MIKE
Left PAPA
Hold 30R

Como puedes ver si es posible condensar lo que el controlador dice mientras este habla. Y de esta forma es fácil repetirle en el radio lo que el dijo con el propósito de corregir si algo esta mal. Estas son ideas solamente con practica pronto tu tendrás la oportunidad de desarrollar tu forma propia de escribir estas autorizaciones. Siéntete cómodo en usar la forma que tu quieras pero acostúmbrate a hacerlo pues ello hará tu operación es estos aeropuertos mas fácil.

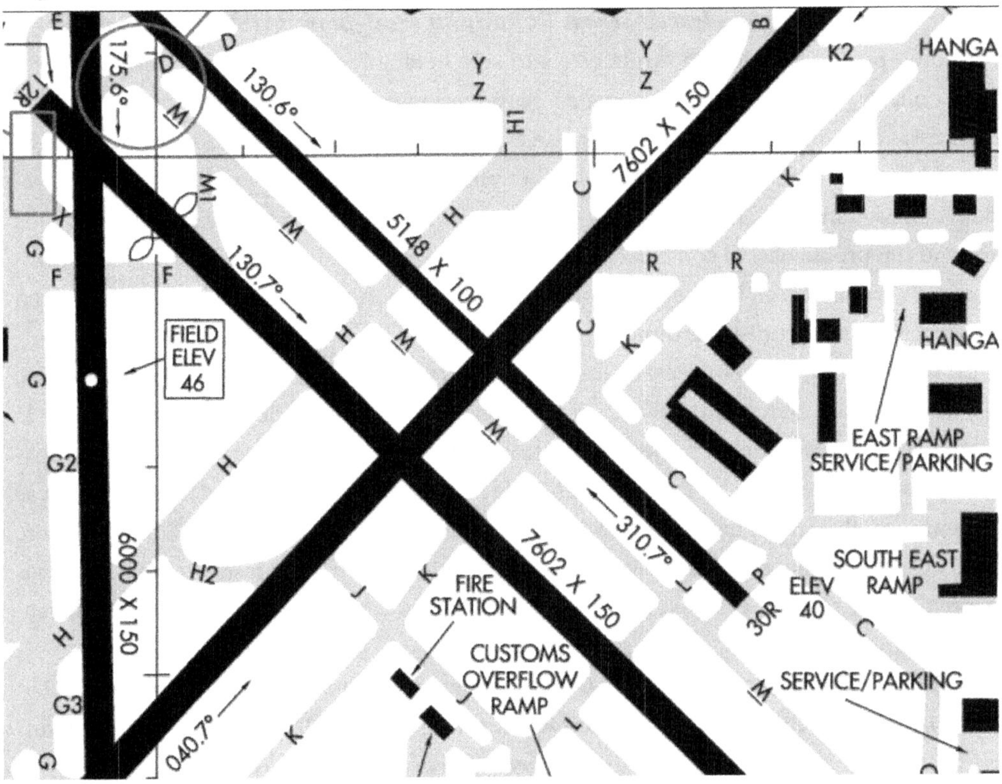

Aduana (Customs) en HOBBY.

Una frecuencia unica para el FBO.

En este aeropuerto de ***HOBBY*** descubrirás que hay una multitud de FBO's (Fixed Base Operator) los cuales pueden ofrecerte servicios de apoyo para tu vuelo. Estos cuentan también con una frecuencia discreta la cual podrás encontrar en la pagina web de estos negocios, con la cual podrás contactarlos en el aire antes de tu aterrizaje y organizar lo que necesi-

tes con ellos. O aun en el suelo si necesitas algo para tu vuelo ellos están disponibles en sus frecuencias.
También es una buena idea que los contactes antes de tu llegada, los teléfonos los puedes encontrar en el directorio telefónico o en la pagina web del FBO a donde vas. Es interesante pero ellos cuentan con muchos servicios que harán tu estancia mas placentera después de la batalla que acabas de tener al entrar a uno de los espacios aéreos mas congestionados del mundo.

UNA FRECUENCIA EXCLUSIVA PARA LAS SALIDAS.

Debido al hecho de que las operaciones de salida en este tipo de aeropuertos son muchas, en orden de poder aliviar la congestión en las comunicaciones se establece una frecuencia exclusivamente para organizar las salidas. La cual se conoce en este caso de ***HOBBY*** como ***"Houston Clearance Delivery".*** Y esta agencia se encarga exclusivamente de ayudar a los pilotos a hacer la transición de una forma ordenada y fluida desde tierra hasta que salgan del espacio aéreo controlado clase BRAVO. La frecuencia de esta agencia la podemos encontrar en los diagramas del aeropuerto.

Lo primero que debemos de hacer es escuchar la frecuencia del ATIS, para escribir la información actual del aeropuerto incluyendo el código fonético que corresponda a ese reporte. Es una buena oportunidad aqui para que leas una vez mas el capitulo de; *"Escuchando el ATIS…."* especialmente la forma de como anotar dicha información.

Lo segundo será llamar a la frecuencia de ***"CLEARANCE DELIVERY"*** o salidas en ***125.45*** para solicitar nuestra autorización de salida. El propósito de este controlador es ayudar a evitar la congestión en la frecuencia de tierra. Así que este controlador cuenta con su propia frecuencia pues seria muy difícil utilizar la frecuencia de tierra y salidas al mismo tiempo, simplemente no habría suficiente espacio para ello. El controlador no solo se encarga de los pilotos volando IFR, sino que también de los que estamos volando VFR.
Una vez que solicitemos nuestra salida VFR, el controlador nos dará la autorización de salir la cual generalmente incluye la siguiente secuencia:

1.- La autorización para salir.
2.- Las direcciones hacia donde salir.
3.- La altura inicial.
4.- La frecuencia de salida.
5.- Y el código "transponder".

Es fácil recordar la secuencia si lo escribes verticalmente utilizando la palabra *"CRAFT"* para ayudarte a recordar. Así que mientras el controlador nos da la autorización nosotros deberemos de estar listos para escribirla y para repetirla una vez mas al controlador para que El la confirme.
Una vez que sintonicemos la frecuencia debemos dar unos segundos para asegurarnos de que no hay otro piloto hablando, pues correremos el riesgo de interrumpir sus comunicaciones si oprimimos el botón del micrófono. Así que una vez que nos demos cuenta nadie esta usando

la frecuencia, procedemos a llamara al controlador utilizando las 5 *"W"* diciendo algo como esto;

Pilot: HOBBY clearance, NN1234, at Eddie Aviation Ramp, VFR to the southwest 6500, information KILO.

Clearance: NN1234, is cleared into class BRAVO airspace, via fly Runway heading, maintain VFR at or Below 2500, departure frequency 134.45, squawk 2435.

Para ti que vuelas VFR probablemente esto te tome por sorpresa, lo largo y complicado de la autorización, pero no te pongas nervioso utiliza la palabra CRAFT de una forma vertical;

CLEAR: NN1234 cleared into BRAVO.
ROUTE: Rwy heading.
ALTITUDE: VFR @ or below 2500
FREQUENCY: 134.45
TRANSPONDER: 2435

Esta es una forma rápida de anotar tu autorización, aun el leerla de vuelta al controlador y si te equivocas en algo podrás corregirlo al lado derecho de lo que escribiste. Esto es una de las razones principales por las que me gusta usar este tipo de escritura vertical. Con practica y experiencia pronto desarrollaras la forma que a ti te guste mas. Así que podrás leerla al controlador para que la confirme;

Pilot: NN1234, cleared into BRAVO, via Runway heading, VFR at or below 2500, departure 134.45, squawk 2435

Si todo esta bien a satisfacción del controlador el te dirá algo como.

Clearance: NN1234, you read back correct, contact ground in 121.9 when ready to taxi.

Pilot: NN1234, ground 121.9 when ready to taxi.

Esto te permitirá contactar la frecuencia de tierra cuando estés listo.

OPERANDO EN TIERRA DE SALIDA.

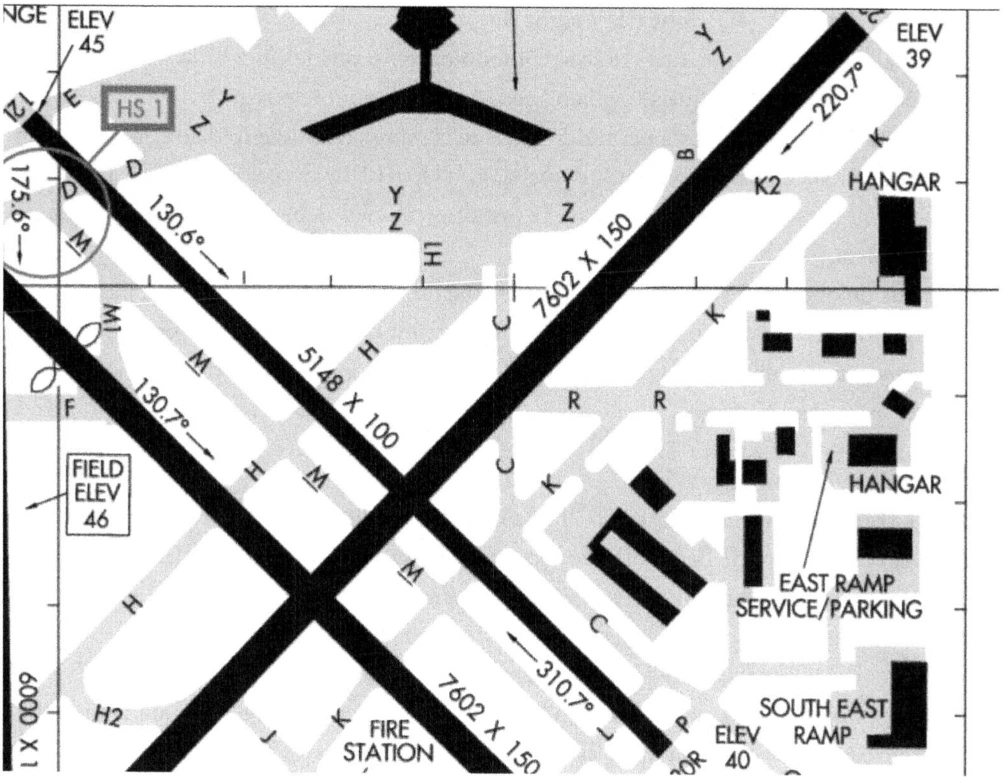

Diagrama del Aeropuerto Houston HOBBY.

Una vez que hayamos recibido nuestra autorización para salir de el espacio aéreo clase BRAVO, tendremos que contactar al controlador de tierra, para recibir nuestra autorización de movernos en el suelo e ir a la pista activa. Es importante asegurarse de que todos las inspecciones previas al movimiento de la aeronave en el suelo estén completas, antes de contactar la frecuencia de tierra ***121.9*** y que tengamos a la mano una copia del diagrama de las pistas en el aeropuerto como el que se muestra en la figura de arriba, la cual será muy necesaria en estos aeropuertos congestionados.

También es importante asegurarte de que no hay alguien mas en la frecuencia a quien pudieses interrumpir. Es muy importante que especifiquemos en donde nos encontramos estacionados, asumiendo que Eddie Aviation FBO (Fixed Base Operator) esta en la rampa *"SOUTH EAST RAMP"* lo haremos saber al controlador. Una vez que sabes no hay nadie hablando en la frecuencia utilizando las 5 *"W"* contactaremos a tierra;

Pilot: HOBBY ground, NN1234, at Eddie Aviation Ramp, ready to taxi, information KILO.

Ground: NN1234, taxi to Runway 22, via PAPA, right on CHARLIE, right on KILO.

Pilot: NN1234, taxi to Runway 22, PAPA, right at CHARLIE, right at KILO.

Utilizando la forma horizontal ahora podrías escribirlo así;

NN1234/ RWY 22 / P / right CH / right K.

Utiliza la forma con la que tu te sientas cómodo pero no olvides escribirla y leerla al controlador para su revisión, si hubiese algo erróneo el controlador te corregirá.

Con esta autorización se nos esta permitido ir desde la rampa de Eddie Aviation, hasta la pista 22, utilizando la vía de carreteo PAPA, derecha en CHARLIE y derecha en KILO. Pero esta autorización no nos permitirá ingresar en la pista por lo cual deberemos de parar antes de entrar en la pista.

Recuerda de que siempre tienes la opción de solicitar ***"PROGRESIVE TAXI"*** para que te lleven paso por paso hasta la pista activa. No tengas temor de usar esta herramienta pues esta ahí para ayudarnos, solo tienes que solicitársela al controlador. Mas de esto en el capitulo de *"Diferentes operaciones en tierra"*.

AHORA LISTOS PARA DESPEGAR.

Una vez que hayamos llegado a la orilla de la pista necesitamos detenernos, pues aun no tenemos la autorización de despegue. Aquí es muy importante tomarnos el tiempo para terminar con las pruebas de motor y sistemas porque tenemos la tendencia en estos aeropuertos de hacer las cosas aprisa producto del estrés que causa operar en ellos.

También es muy importante no llegar muy cerca de la linea de "HOLD SHORT" pues mas de una vez los pilotos se han cruzado esta linea ingresando en la parte activa de la pista sin tener la aprobación del controlador. Y estas incursiones en las pistas han probado durante los años ser muy desastrosas. Otra cosa que es muy común es el olvidar cambiar la frecuencia de tierra a la frecuencia de la torre y el controlador de tierra no puede darte la autorización para despegar eso es responsabilidad del controlador de torre.

Una vez que estemos listos para despegar lo anunciaremos al controlador en la frecuencia de ***118.7*** para poder recibir la autorización de ingresar a la pista y despegar;

Pilot: HOBBY tower, NN1234, holding short at KILO and Runway 22, ready for takeoff.

Tower: NN1234, fly Runway heading, cleared for takeoff.

Pilot: NN1234, Runway heading, cleared for takeoff.

Con ello ingresaremos a la pista efectuando el despegue lo mas rápido y practico posible, recordando de que probablemente alguien mas necesite la pista. Después de unos minutos el controlador de torre nos llamara para mandarnos con ***"HOUSTON DEPARTURE"*** o salidas Houston;

Tower: NN1234, contact departure on 134.45

Pilot: NN1234, contact departure on134.45

Y es salidas Houston quien continuara guiándonos durante el resto del proceso para salir de una forma segura y rápida del espacio aéreo clase BRAVO.

Algunas veces el controlador de torre en orden de poder facilitar los despegues nos dará una autorización para ingresar a la pista activa pero no para despegar;

Tower: NN1234, line up and wait, Runway 22 intersection KILO.

Pilot: NN1234, line up and wait, Runway 22 and KILO.

Esto le permite al controlador ponernos en el centro de la pista para un despegue inmediato, pero esto no constituye una autorización para despegar. Así que procedemos al centro de la pista y paramos. Cuando el controlador considere necesario nos dará la autorización para despegar;

Tower: NN1234, fly Runway heading, cleared for takeoff.

Pilot: NN1234, fly Runway heading, cleared for takeoff.

Otras ocasiones cuando hay mucho trafico, será necesario esperar en la orilla de la pista hasta que el controlador encuentre un espacio entre el trafico para nuestro despegue;

Tower: NN1234, hold short Runway 22, landing traffic.

Pilot: NN1234, holding short Runway 22 for traffic.

También el controlador podrá asignarnos un numero en la lista de espera si hay varios aviones adelante de nosotros, con ello tendremos una idea de la secuencia a seguir y estaremos listos. Así el controlador se ayuda a agilizar el movimiento de aeronaves;

Tower: NN1234, hold short Runway 22, number 3 for departure.

Pilot: NN1234, holding short Runway 22, number 3 for departure.

En fin, son varias las opciones que el controlador tiene a sus manos para ayudarse a mover el trafico de una forma rápida y segura. No olvides repetirle al controlador cada autorización que te da, para que El confirme que entendimos lo que nos dijo y de ser necesario El podrá corregirnos.

Salidas; La agencia que organiza las salidas.

Una vez que estemos en el aire y el controlador de torre nos indique el cambio de frecuencias, pues aun esto estamos controlado en estos espacios aéreos, no podemos cambiarnos cuando nosotros queramos, es cuando el controlador lo indique.

Desde el momento en que copiamos nuestra autorización en la tierra, sabíamos que la frecuencia de salida seria ***134.45*** la cual sintonizamos para llamar al controlador;

Pilot: Houston departure, NN1234, with you, 1700 for 2500.

Departure: NN1234, radar contact, climb and maintain 4500, turn right heading 250.

Pilot: NN1234, climb to 4500, right 250.

Mientras que permanezcamos dentro del espacio aéreo clase BRAVO, estamos obligados a seguir las indicaciones del controlador que generalmente se condensan en mantener la altura y dirección asignadas. Considero que en cierta forma esto es fácil, pues tendremos al controlador ahí a un lado nuestro guiándonos hasta que salgamos de su área de responsabilidad. Una vez fuera de su espacio aéreo nos contactara para darnos información adicional;

Departure: NN1234, 30 miles southwest, radar service terminated, squawk 1200, change to advisory frequency approved.

Pilot: NN1234, squawking VFR, frequency change approved.

Con ello nos encontraremos fuera del espacio aéreo clase BRAVO y continuaremos con nuestra ruta, cambiando las frecuencias a nuestra discreción.

CONCLUSION.

No cabe duda de que operar en estos espacios aéreos nos eleva la presión de la sangre, debido a que todo pasa muy rápido en las comunicaciones y flujo de trafico. Pero aun punto en nuestras carreras debemos de *"exponernos"* a estos espacios aéreos para poder desarrollar experiencia.

En mi carrera como Instructor he encontrado que después de 3 veces que el piloto entre a estos espacios aéreos se comenzara ha sentir mas a gusto, hasta que logra alcanzar mas comodidad al entrar a estos espacios aéreos. No es bueno que evitemos este tipo de espacios aéreos por miedo a las comunicaciones y el trafico pesado. Es mejor practicar varias veces con un instructor u otro piloto con experiencia en estos espacios aéreos antes de aventurarnos nosotros solos.

Si pudiera resumir el como se debe de operar en este espacio aéreo lo sintetizaría en 3 cosas; Escuchar, repetir y obedecer. El controlador nos dice algo, nosotros ponemos atención, repetimos lo que dijo para que El confirme que entendimos y obedecemos sus direcciones al pie de la letra.

¿Pero que pasaría si no le entiendes algo?. Simplemente pídele al controlador que te lo repita una vez mas, utilizando algo como esto;

Pilot: Houston approach, NN1234, please say again.

Con ello el controlador te dará información adicional de como El quiere que operes en su área de responsabilidad. De hecho la razón para repetir las direcciones que el controlador nos da es para darse cuenta si no entendimos algo. El controlador no se va ha enojar cuando le solicitamos ayuda extra, para ello El esta. Es cuando hacemos algo diferente a lo que el controlador nos pidió, cuando el se va ha enojar y con justa razón.

Así que yo te animo a que planees incursionar en estos espacios aéreos reconociendo de que si necesitas ayuda, ahí estará el controlador para ayudarte. Y he aprendido a reconocer que no importa cual sea el problema que tengas, si te das la oportunidad de practicar, practicar y practicar, lograras operar en estos espacios aéreos.

6

ESPACIO AEREO CLASE C

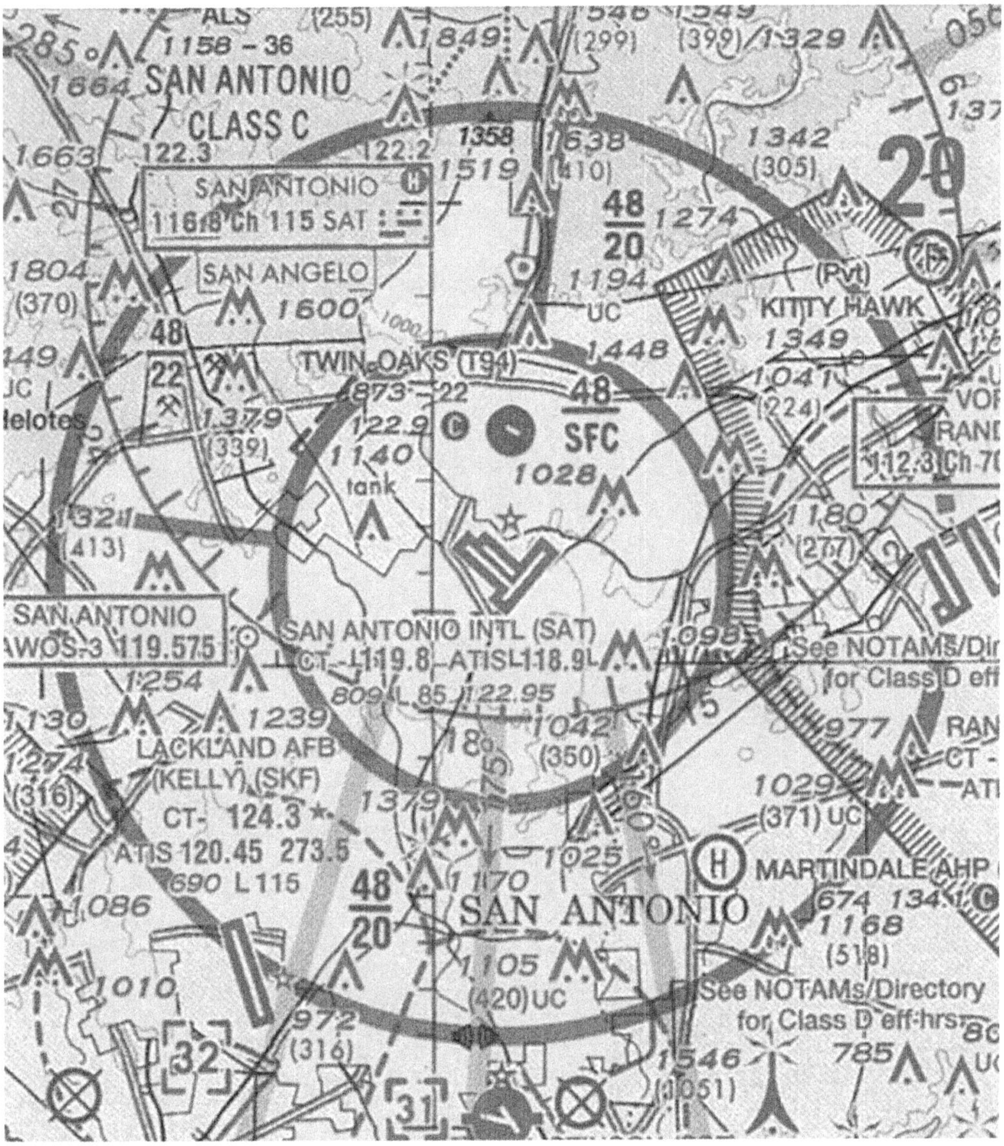

Espacio aéreo clase CHARLIE San Antonio.

El espacio aéreo controlado clase CHARLIE, generalmente se extiende de la superficie hasta 4000 pies por encima del aeropuerto, contiene una torre de control la cual es asistida por servicio de radar para las aproximaciones y salidas de las aeronaves.

Consiste en un cilindro de 5 millas náuticas que se extiende desde el centro del aeropuerto hasta el techo de 4000 pies. Y otra capa cilíndrica de 10 millas náu-

ticas con un piso generalmente de 1200 pies a 4000 pies sobre la elevación del aeropuerto.
En orden de poder operar en este espacio aéreo es necesario establecer comunicación del tipo "two ways" con el controlador y el avión debe de estar equipado con un *"transponder"* que tenga la capacidad de reportar la altura a la que el avión vuela, antes de ingresar a este espacio aéreo.

En la figura arriba podrás observar que la información del aeropuerto esta en color azul, incluyendo las pistas del aeropuerto, lo cual ayuda a distinguirla claramente entre el resto de la información en la carta de navegación.
En la primera linea encontramos el nombre del aeropuerto seguido de las letras que identifican este aeropuerto; ***SAN ANTONIO INTL (SAT).*** En la segunda linea se encuentra la frecuencia de la torre de control ***CT 119.8*** y la frecuencia del clima ***ATIS 118.9.*** En la tercer linea encontramos la elevación del aeropuerto ***809,*** seguido por la ***"L"*** que indica el aeropuerto cuenta con luces en la pista, el numero ***85*** que corresponde a el largo de la pista mas grande y la frecuencia del ***UNICOM 122.95.*** Todo esta diseñado para que al piloto no se le haga difícil encontrar la información que le permitirá entrar visual a este aeropuerto.

ESCUCHANDO EL ATIS PARA LA INFORMACIÓN DEL CLIMA.

Antes de que llamemos a los controladores de aproximacion siempre es necesario escuchar la información del clima primero, para poder hacérselo ver al controlador. Esto es la primera acción en espacios aéreos controlados. Así que sintonizamos la frecuencia ***118.9*** y escuchamos lo siguiente;

San Antonio tower information ALFA, 1153 zulu, wind 140 at 9, visibility 10, sky condition broken 1300, temperature 26, dew point 23, altimeter 3001, Runway in use 12 right, 12 left, advise you have information ALFA.

Va ha ver la necesidad de escuchar la información varias veces para poder entenderla en su totalidad, también es muy importante el anotar en papel de esa forma podremos usarla como referencia inmediata. Con practica tu podrás desarrollar tu propia técnica para anotar, lo importante es que te sientas a gusto y entiendas lo que el ATIS esta diciendo. Yo lo escribiria de esta forma;

SAT

A

1153

140-9

V10

1,300 B

26/23

A3001

Rwy 12R/12L
A

Me gusta anotarlo en forma vertical, pues si necesitara añadir mas información es fácil hacerlo al lado derecho, de lo contrario si lo escribo en forma horizontal seria muy difícil añadir mas información. Al final cualquier forma que uses para escribir esta bien mientras tu te sientas a gusto con ella. Mas de una vez encontraras que tener la información a la mano en papel es muy útil, en lugar de tratar de confiar solamente en nuestra memoria. Así que la información nos dice;

Estamos escuchando la información del Aeropuerto Internacional de San Antonio, el código es ALFA, la hora a la que se grabo la información 1153 en tiempo Zulu, la dirección del viento es 140 a 9 nudos, la visibilidad son 10 millas, las bases de las nubes son 1300 pies y esta quebrado, la temperatura 26, el punto de 23, el altímetro 3001, las pistas en uso son la 12 izquierda y la 12 derecha.

Debemos resistir la tentación de no anotar, pues en estos espacios aéreos con mucho trafico, todo sucede muy rápido y es fácil olvidar información que se nos a dado. Y el tenerlo anotado ayuda a eliminar el factor confusión que pudiese suscitarse en la cabina.

Como operar en espacio aéreo clase C en la entrada.

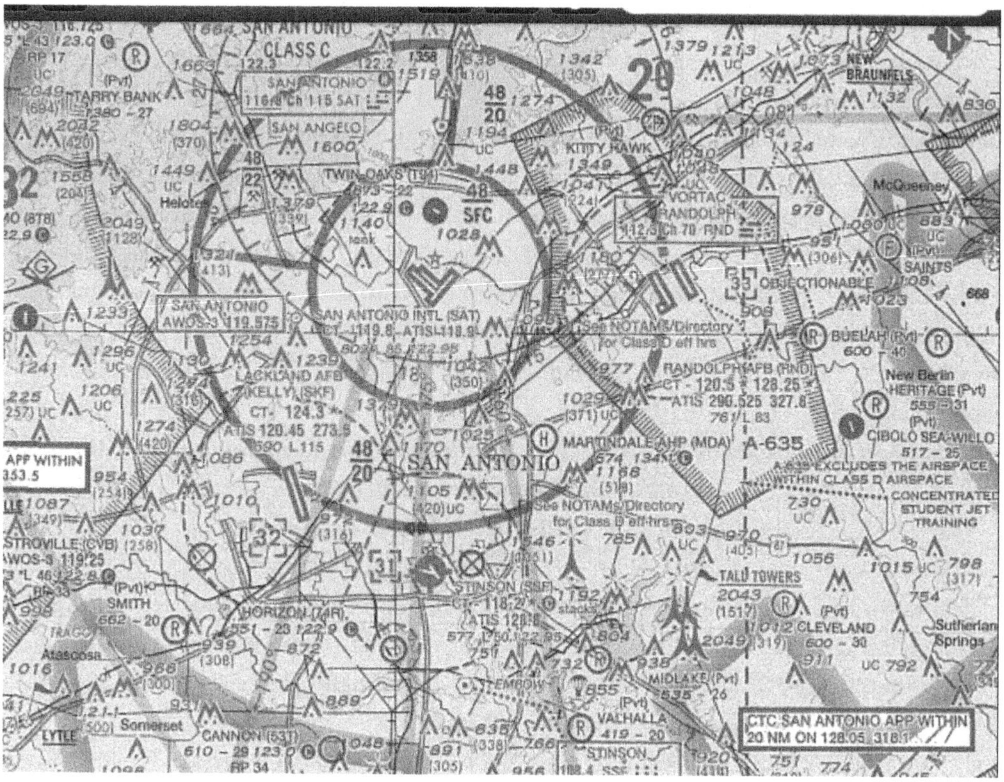

Aproximacion San Antonio.

Vamos ahora a simular un vuelo visual a el aeropuerto de San Antonio, Tx. San Antonio International y nos aproximaremos del Sur a una Altura de 6500 pies. Vamos a aterrizar y parar en el FBO (Fixed Base Operator) ficticio de Eddie Aviation.

Como puedes darte cuenta en la carta de navegación visual en la figura de arriba, podrás observar un rectángulo blanco con margenes magentas e información dentro de el. Esta información es la agencia que controla los ingresos al aeropuerto Internacional de San Antonio. Así como a los aeropuertos localizados dentro de este espacio aéreo. En este rectángulo se encuentra la siguiente información;

CTC SAN ANTONIO APPROACH WITHIN 20 NM ON 128.05 318.01

Las letras ***"CTC"*** significan *"contact"*, es decir hay que contactar la aproximación del área de San Antonio, con ***20*** millas náuticas en la frecuencia ***128.05*** para información de acceso a este espacio aéreo. La ultima frecuencia ***318.01*** puedes tratar de ponerla en tu radio pero descubrirás que no se puede, la razón es que es una frecuencia discreta para uso exclusivo de los militares.

Tiene 4 diferentes rectángulos en las 4 esquinas del espacio aéreo, la razón de ello es que debemos de contactar la agencia mas cercana a nuestra ruta de vuelo. En este caso en particular nosotros nos aproximamos del Sur, así que el rectángulo mas cercano es el de la esquina inferior derecha. No te preocupes si te equivocas de frecuencia el controlador te dará la correcta una vez que lo contactes. Ademas en ciertas ocasiones ellos tienen otras frecuencias asignadas en lugar de las publicadas.

Así que aunque dice con 20 millas náuticas, encuentro que es un buen procedimiento el sintonizar estas frecuencias como con 30 millas y comenzar a escuchar la actividad de trafico en el área. Es increíble la cantidad de información útil que puedes obtener solo por escuchar unas millas antes de contactarlos, la cual podría aplicarse a tu vuelo. Y como a las 25 millas hacer el primer contacto, a pesar de que la carta dice dentro de 20 millas. Me gusta esto pues generalmente estos son espacios aéreos muy congestionados y en ocasiones encontraras que necesitaras un poco mas de tiempo de lo planeado. Asi que utilizando las 5 *"W"* el primer contacto seria;

Pilot: San Antonio approach, NN1234, 25 miles south at 6500, landing San Antonio International, with information India.

Approach: NN1234, squawk 6543 and ident.

Pilot: NN1234, squawk 6543 and ident.

Con esto ya habremos establecido contacto con el controlador y después de unos segundos El nos llamara una vez mas, cuando haya obtenido contacto de nuestro avión en su radar;

Approach: NN1234, radar contact, 23 miles south, maintain VFR at 6500, expect Runway 12 right.

Pilot: NN1234, maintain VFR 6500, for Runway 12 right.

Con estas comunicaciones y con el código "transponder" que hemos recibido, podremos de una forma segura y legal entrar a el espacio aéreo controlado clase CHARLIE de San Antonio. A este punto el controlador comenzara a coordinar nuestra entrada con el resto de los controladores que van a estar envueltos en nuestro aterrizaje. Así que debemos de poner atención a sus direcciones, repitiéndolas para que el confirme que hemos entendido el mensaje transmitido.

Una vez dentro del espacio aéreo considero que se vuelve muy fácil, pues principalmente deberemos de preocuparnos por 2 cosas; altura y dirección. Y ello nos llevara a un punto el poder tener contacto visual con el aeropuerto. El controlador va ha definirnos como debemos de entrar al aeropuerto hasta que sea tiempo para nosotros de contactar a la torre de control. Así que en algún punto de nuestras comunicaciones el controlador dirá algo como;

Approach: NN1234, descend VFR, maintain 4500, San Antonio airport at 12 o'clock, report the airport insight.

Pilot: NN1234, descend and maintain 4500, we will advise the airport insight.

Nuestro siguiente objetivo será buscar el aeropuerto, para poder reportarlo al controlador una vez que lo tengamos a la vista.

Es muy difícil encontrar estos aeropuertos debido al hecho de que se encuentran entre los edificios de la ciudad, generalmente ciudades muy grandes. Especialmente de noche es extremadamente difícil ver el aeropuerto. No debemos de sentirnos incomodos si no vemos el aeropuerto, aun debemos de tener la confianza de apoyarnos en el controlador y solicitarles que nos de vectores al aeropuerto. Ellos no se molestaran con nosotros, pues para ello están ahí, esto es también parte de su trabajo. Muchas veces nosotros los pilotos nos metemos en problemas por el hecho de no apoyarnos en las herramientas que están a disposición nuestra pues tenemos miedo incomodar a los controladores. Y lo único que sucede es hacemos algo que el controlador no nos pidió metiéndonos realmente en problemas por ello. Así que podemos decir algo como;

Pilot: San Antonio approach, NN1234, not familiar with the area, requesting radar vectors.

Approach: NN1234, turn left heading 300, airport will be at your 1 o'clock.

Pilot: NN1234, left heading 300, searching for the airport.

De esta forma el controlador nos llevara a encontrar el aeropuerto. Y una vez que tengamos un contacto visual positivo con el aeropuerto deberemos de reportarlo al controlador;

Pilot: NN1234, airport insight.

Approach: NN1234, enter right downwind Runway 12 right, contact tower on 119.8

Pilot: NN1234, right downwind 12 right, tower 119.8

A este punto entraremos el inicial por la derecha y cambiaremos la frecuencia de aproximación a la frecuencia de torre, realizando así el primer contacto con torre;

Pilot: San Antonio tower, NN1234, downwind 12 right, full stop, information INDIA.

Tower: NN1234, continue downwind, report turning base.

Pilot: NN1234, continue, will report turning base, Runway 12 right.

Así que continuamos con la aproximación y una vez que estemos listos para dar la vuelta al básico, llamaremos a la torre;

Pilot: San Antonio tower, NN1234, turning base Runway 12 right, full stop.

Tower: NN1234, clear to land Runway 12 right.

Pilot: NN1234, is clear to land, Runway 12 right.

De esta forma obtenemos nuestra autorización para aterrizar, pues en espacios aéreos controlados no podemos aterrizar a menos que nos den la autorización de parte del controlador. Una vez que hayamos tocado tierra, el controlador nos instruirá a cerca de como debemos salir de la pista. Puedes ver el diagrama del aeropuerto en la imagen al final de este capitulo donde iremos al FBO (Fixed Base Operator) ficticio de Eddie Aviation, localizado en la parte superior derecha de la imagen. Y una vez que estemos fuera de la pista activa nos pedirá cambiar a la frecuencia de tierra;

Tower: NN1234, exit via LIMA and contact ground in 121.9

Pilot: NN1234, via lima, contact ground in 121.9

Es muy importante que nos aseguremos de que estamos completamente fuera de la pista en uso. El avión deberá de estar completamente en el otro lado de la linea que marca la entrada a la pista. Y como el controlador nos instruyo nos cambiamos de frecuencia para contactar al controlador de tierra. Es importante que demos unos segundos de tiempo, para asegurarnos de que nadie esta usando la frecuencia pues podríamos interferir en sus comunicaciones. Una vez que nos demos cuenta de que la frecuencia esta libre, podremos contactar al controlador de tierra;

Pilot: San Antonio ground, NN1234, holding short at LIMA and 12 right, request taxi to Eddie Aviation.

Ground: NN1234, taxi to Eddie Aviation, via GOLF, right on NOVEMBER, hold short at FOXTROT and Runway 14.

Pilot: NN1234, via GOLF, right in NOVEMBER, FOXTROT, hold at Runway 14.

Asi que continuaremos a el FBO, utilizando la pista de carreteo GOLF, para encontrar la NOVEMBER donde daremos vuelta a la derecha y esta nos llevara hasta el final de la pista 14, donde tendremos que parar para recibir nuestra autorización que nos permita cruzar la pista 14.

Una vez que hayamos parado en la linea que marca la entrada a la pista 14 contactaremos a el controlador de tierra para recibir la autorización que nos permitirá cruzar la pista;

Pilot: San Antonio ground, NN1234, holding short at FOXTROT and Runway 14

Ground: NN1234, cross runway 14 at FOXTROT, to Eddie Aviation.

Pilot: NN1234, is clear to cross Runway 14 to Eddie Aviation.

Así habremos culminado nuestro movimiento en tierra, al entrar a la rampa general del FBO Eddie Aviation. Ahí seguiremos las direcciones del personal en la linea para poder estacionarnos.

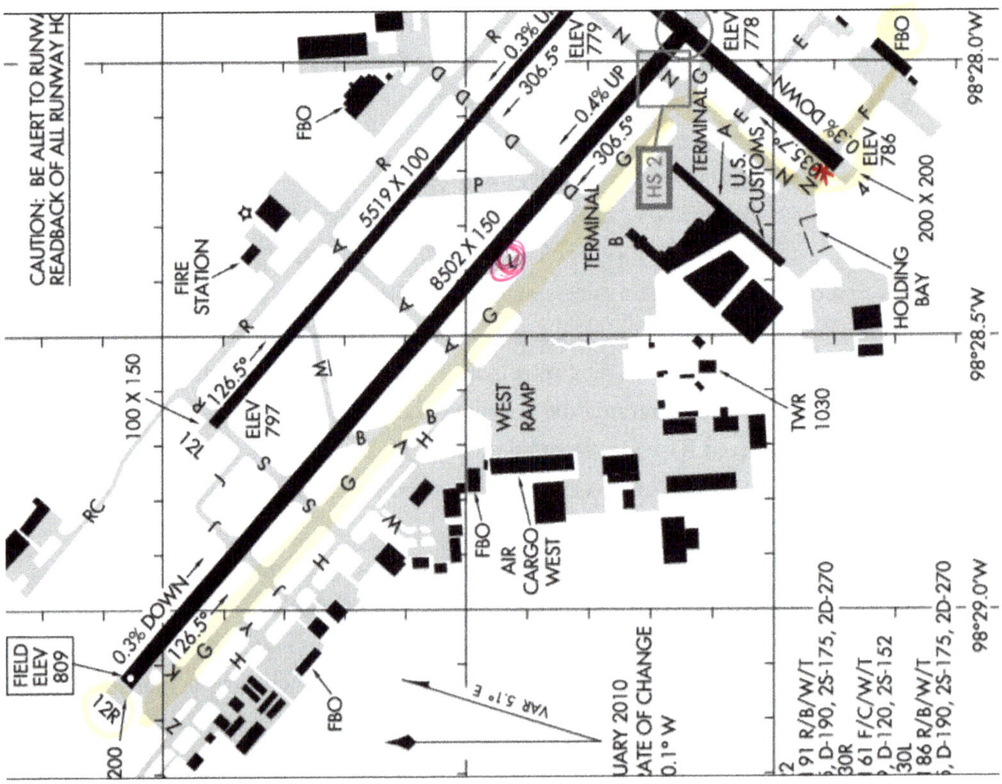

Pista 12 derecha San Antonio Internacional.

Otras operaciones en tierra.

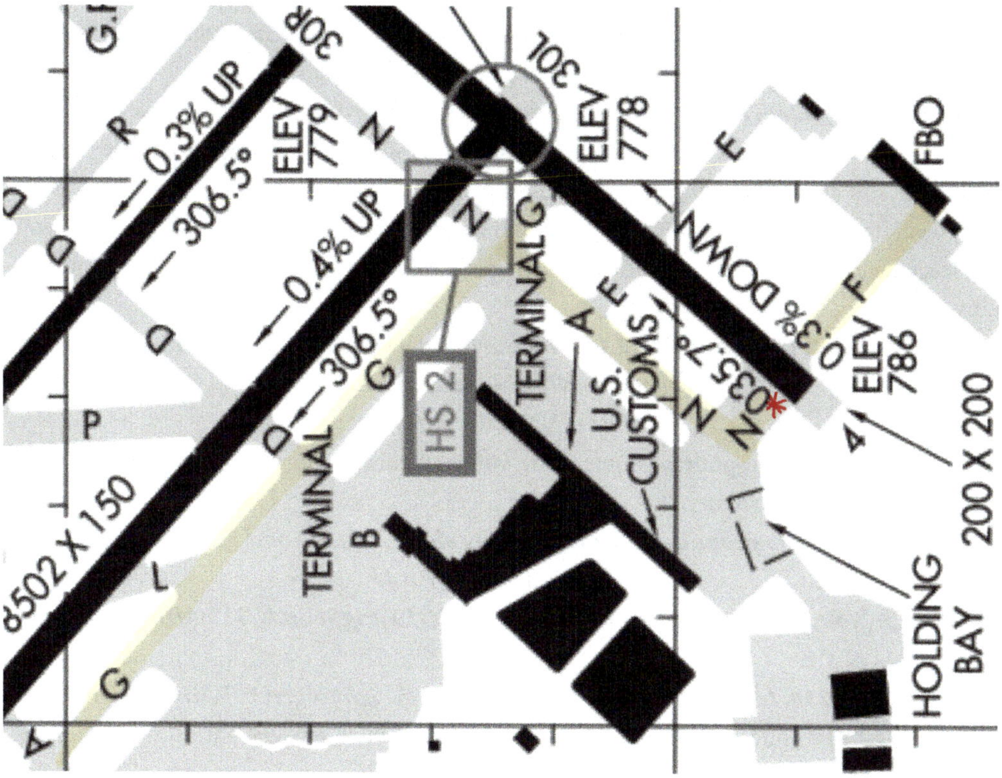

Pistas en San Antonio Internacional.

*zona de Alto

Algunas ocasiones tendremos que mover nuestro avión en tierra después de que hayamos aterrizado. En este caso en particular de San Antonio Internacional después de que hayamos aterrizado cuando procedemos de otro país como México, será necesario acudir con las autoridades de Migración y Aduana con el propósito de hacer la internación dentro de los Estados Unidos.

Después de que la torre nos haya pedido contactar la frecuencia de tierra para solicitar nuestro carreteo. Anunciaremos al controlador la necesidad que tenemos de ir a la rampa de aduana y migración localizada en el diagrama del aeropuerto como ***"US CUSTOMS".*** Tomando el ejemplo anterior donde salimos en LIMA de la pista 12 derecha, contactaremos al controlador de tierra para decirle nuestras intenciones;

Pilot: San Antonio ground, NN1234, holding short at LIMA and 12 right, request taxi to customs ramp.

Ground: NN1234, taxi to customs via left on GOLF, right on NOVEMBER.

Pilot: NN1234, to customs, via left on GOLF and right on November.

Aquí deseo aclarar, que en algunos aeropuertos grandes como San Antonio tienen una frecuencia especialmente para aduana y migración. Con esta frecuencia llamaras a los oficiales para solicitarles una puerta donde estacionar tu aeronave. No te preocupes por memorizar esta frecuencia de ser este el caso el controlador de tierra te lo hará saber;

Ground: NN1234, hold short at LIMA and 12 right, contact customs on 121.4 for gate assignment.

Pilot: NN1234, hold short at LIMA and 12 right, switching to customs 121.4

Aquí procederemos a contactar a aduana. Tienes que ser paciente pues los oficiales de migración no son controladores y generalmente no son versados en hablar en los radios. Ademas asegúrate de que no los interrumpes al estar hablando con otros pilotos. Así que sintoniza la frecuencia y espera unos segundos para asegurarte de que la frecuencia esta libre antes de transmitir;

Pilot: Customs, NN1234, in the ground, request gate assignment.

Customs: NN1234, taxi to gate # 4.

Pilot: NN1234, gate # 4.

Con esta información podrás contactar de vuelta al controlador de tierra e informarle la puerta que te asignó aduana;

Pilot: San Antonio ground, NN1234, holding short at LIMA and 12 right, requesting taxi to customs gate # 4.

Ground: NN1234, taxi to customs, via left on GOLF, right on NOVEMBER, to gate # 4.

Pilot: NN1234, taxi to customs, via left on GOLF, right on NOVEMBER, gate # 4.

No todos los aeropuertos controlador tienen esta frecuencia especial para aduana y migración, pero si la hay el controlador de tierra te la dará. Ademas en ocasiones tendrán mucho trafico los aduanales asi que antes de mandarte a una puerta te mandaran a la rampa de ***"HOLDING BAY"*** que puedes ver en la figura superior.

Una vez que hayamos terminado nuestra inspección con aduana, tendremos que mover el avión a nuestro FBO de preferencia. Aunque ya escuchamos la información del ATIS una vez cuando llegamos al aeropuerto, es bueno volver a confirmar que tenemos el código del clima correcto. Asumiendo que nuestro FBO (Fixed Base Operator) es Eddie Aviation y se encuentra en la parte sur del aeropuerto (en la parte superior derecha de la imagen arriba) justo frente a aduana utilizamos las 5 "W" y solicitaremos la autorización así;

Pilot: San Antonio ground, NN1234, at customs, requesting taxi to Eddie Aviation, information ECHO.

Ground: NN1234, taxi to Eddie Aviation, via FOXTROT, hold short Runway 04.

Pilot: NN1234, taxi Eddie Aviation, via FOXTROT, hold short Runway 04.

Esta autorización nos llevara hasta el FBO, pero no nos permite cruzar la pista 04, debemos tener cuidado de una vez que lleguemos a la linea de espera de la pista 04 nos paremos para recibir el permiso;

Pilot: San Antonio ground, NN1234, holding short Runway 04.

Ground: NN1234, cross Runway 04, continue on FOXTROT to Eddie Aviation ramp.

Pilot: NN1234, cross Runway 04, on FOXTROT to Eddie Aviation.

Es muy probable que ya los empleados del FBO, este esperándonos en la rampa, para darnos instrucciones en donde parar nuestra aeronave.

Una frecuencia para el FBO.

Generalmente en estos aeropuertos muy grandes siempre existen varios negocios de FBO (Fixed Base Operator) que ofrecen servicios para satisfacer las necesidades que nosotros tenemos como pilotos. Asegúrate de investigar el nombre y la ubicación del FBO al que quieres llegar. De esta forma podrás avisarlo al controlador una vez que hayas aterrizado. El controlador no te podrá decir a que FBO ir, tu tienes que elegir uno de esta forma el controlador te podrá dar las direcciones correspondientes del carreteo. Y para ello también es bueno saber la ubicación del FBO en el diagrama del aeropuerto que traeremos con nosotros como parte de nuestra preparación para este vuelo.

Si necesitas contactar al FBO de tu preferencia este contara con una frecuencia discreta con la cuál podrás comunicarte con los empleados y solicitar lo que necesites;

Pilot: Eddie Aviation Unicom, this is NN1234, do you copy?.

Unicom: NN1234, this is Eddie Aviation, go ahead.

Pilot: Eddie Aviation, NN1234, requesting fuel, at customs ramp.

En este caso solicitamos combustible pero tu puedes solicitarles lo que necesitas y ellos estarán mas que contentos en dártela. Todo esto utilizando la frecuencia de radio y no tener que ir hasta las instalaciones del FBO.

Una frecuencia dedicada para las salidas.

Estos aeropuertos clase CHARLIE, son generalmente muy congestionados al punto de que se establecen frecuencias dedicadas solamente a organizar las autorizaciones de la salida de los aviones. Esta agencia se llama ***"CLEARANCE DELIVERY"*** la trabaja un controlador encargado de coordinar las salidas visuales y de instrumentos en estos aeropuertos. Después de haber escuchado la información del ATIS, contactaremos en la frecuencia de ***"CLEARANCE DELIVERY" 126.7*** solicitamos nuestra autorización VFR hacia el sur a 7500 pies, especificando el tipo de aeronave que traemos;

Pilot: San Antonio clearance, N12345, VFR departure to the South, at 7500, Cessna 206.

De esta forma le solicitamos al controlador la salida VFR hacia el Sur, especificando la altura que requerimos y el tipo de avión. El controlador se va a encargar de procesar la salida y nos llamara en el radio para darnos la autorización correspondiente. Una vez mas deseo establecer la tremenda importancia que tiene el tener papel a la mano para poder copiar la autorización. El controlador dirá algo como esto;

Clearance: NN1234, your are clear to the South, frequency 127.1, squawk 6543.

Pilot: NN1234 is clear to the South, frequency 127.1 and squawk 6543.
Clearance: NN1234, your read back correct.

Con esto el controlador nos confirma de que si entendimos la autorización que nos dio. Si hubiera la necesidad de corregir algo, añadir o quitar El nos lo hará saber. Cuando hayamos terminado con el controlador de ***"CLEARENCE"***, sintonizaremos la frecuencia de tierra ***121.9*** para solicitar la autorización a la pista activa.

Así que en espacios aéreos controlados muy congestionados como clase CHARLIE y BRAVO, siempre tendrán una frecuencia dedicada para dar las autorizaciones de salida. La cual estará publicada en el diagrama del aeropuerto y en el A/FD (Airport/Facility Directory) esta solo se encargara de coordinar las autorizaciones de salida.

En algunas ocasiones, cuando la actividad del aeropuerto es poca, quizás el mismo controlador de tierra se encargue en dar las autorizaciones de despegue, si este es el caso en la información del ATIS lo especificaran y usaremos la frecuencia de tierra ***121.9*** para recibirla.

Recuerda, no debemos contactar al controlador de tierra ó de torre si no tenemos primero la autorización de salida.

Como operar en espacio aéreo clase C de salida.

Memorice this frequency

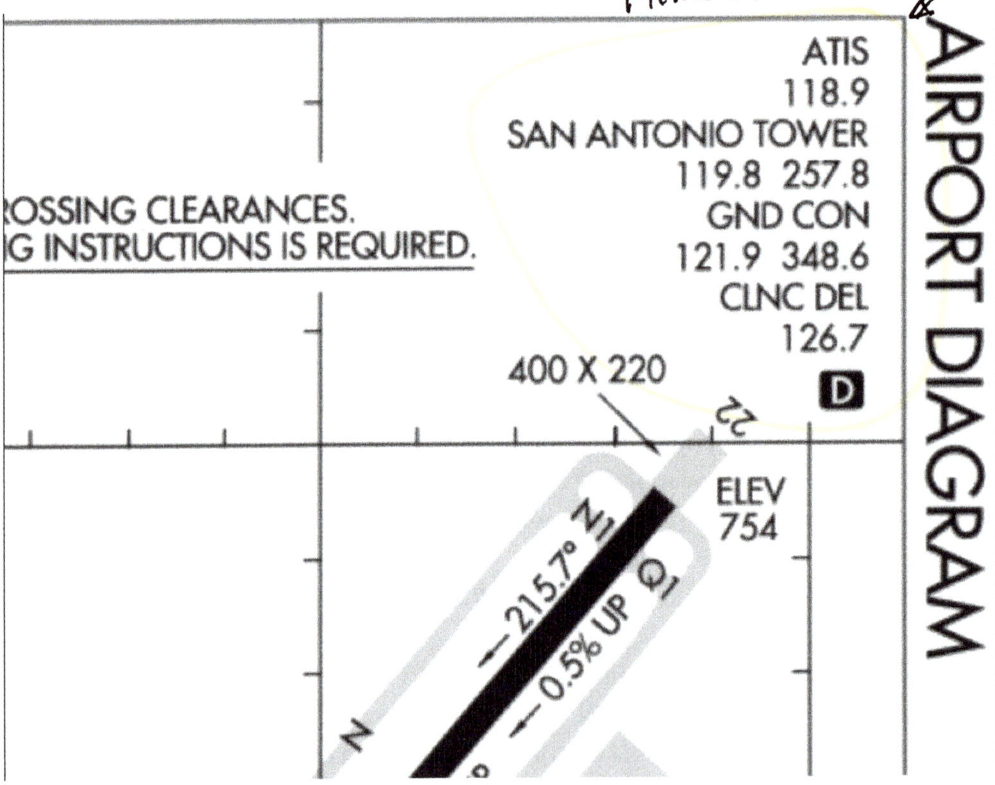

Frecuencias en San Antonio Internacional.

En estos espacios aéreos controlados el orden de las comunicaciones siempre es el mismo.

1.- Escuchar la información del clima ATIS.

2.- Llamar al "CLEARANCE DELIVERY" para solicitar la autorización de salida.

3.- Contactar en la frecuencia de tierra para recibir la autorización para el carreteo.

4.- Una vez listos para despegar, contactar al controlador de torre para el despegue.

5.- Una vez en el aire llamaremos a la frecuencia que controla las salidas.

Así que espera la secuencia de esta forma, en cualquier aeropuerto controlado. En la figura superior puedes ver en el diagrama del aeropuerto las frecuencias.

Una vez que hayamos escuchado la información del clima, es necesario que la escribamos, de esta forma tendremos tiempo de analizarla. Y mas de una vez tendremos que escucharla varias veces ó confirmar algo de la información en diferentes etapas de la operación en el aeropuerto. Así que es una muy buena idea el mantener esta información a la mano.

La siguiente llamada será con el controlador de ***"CLEARANCE DELIVERY"*** con la agencia que controla las salidas. Es un buen tiempo para repasar el capitulo anterior de *"Una frecuencia dedicada para las salidas"*. Aquí recibiremos la autorización y el como salir del espacio aéreo clase CHARLIE. También es una buena idea el anotar en forma vertical para poder leerla al controlador y si El encuentra algo que nosotros debemos modificar, tendremos espacio para hacerlo. Y una vez terminado con el controlador sintonizamos la frecuencia de tierra ***121.9*** para solicitar nuestra autorización para el carreteo. Utilizando las 5 "W" diriamos;

Pilot: San Antonio ground, NN1234, at Eddie Aviation, request taxi to the active, Information ALFA.

Como te das cuenta en el ATIS especifican el uso de diferentes pistas para el despegue y el aterrizaje. Tenemos dos opciones aquí. Una es el solicitar el carreteo a la pista activa y dejar que el controlador especifique cual es. Dos es el solicitar una de las pistas en uso con la esperanza de que el controlador lo autorice. Usa tu criterio personal cualquiera de las dos es acertada.

Ground: NN1234, taxi to Runway 12 right at KILO, via FOXTROT, NOVEMBER, GOLF, hold short at Runway 04.

Pilot: NN1234, taxi to Runway 12 right and KILO, via FOXTROT, NOVEMBER, GOLF, hold short Runway 04.

Recuerda es necesario repetir la autorización al controlador para que El tenga la oportunidad de darse cuenta si entendimos completamente sus direcciones. Utilizando la forma vertical yo lo escribiría de la siguiente forma;

NN1234,Rwy 12R @ K/ F/ N/ G/HS 04

Así que verificamos nuestra autorización con el diagrama del aeropuerto, aquí te darás cuenta la importancia de tener a la mano una copia del diagrama de las pistas, la cual puede se en papel o la versión en tableta electrónica, como se muestra en la Figura 4. Especialmente en aeropuertos muy grandes como San Antonio, donde es muy fácil aun perderse en el suelo al carretear a la pista activa, especialmente si no estamos familiarizados con el área.

Ingresamos a FOXTROT la cual es la primera vía de carreteo justo al salir de nuestro FBO, Eddie Aviation. Y FOXTROT cruza la pista 04 en donde el controlador nos dijo que nos detuviéramos;

Pilot: San Antonio ground, NN1234, holding short at Runway 04 and FOXTROT.

Una vez que el controlador se asegure de que la pista 04 esta libre nos autorizara el cruzarla.

Ground: NN1234, taxi across Runway 04 at FOXTROT.

Pilot: NN1234, taxi across Runway 14 and FOXTROT.

Una vez que nos hayan dado la autorización procederemos en FOXTROT hasta encontrar NOVEMBER, donde daremos vuelta a la derecha hasta llegar a GOLF, daremos la vuelta a la izquierda casi hasta el final donde pararemos en la pista 12 derecha y KILO.

Ayuda mucho al ir carreteando el seguir nuestro progreso en la copia del diagrama del aeropuerto. Ahora con la ayuda de equipos electrónicos podemos tenerlo a la vista casi en cualquier parte, incluyendo receptores de satélite, iphone, ipad, etc. Así que si planeas operar mucho en este tipo de aeropuertos considera seriamente invertir en un equipo que tenga este tipo de ayuda. De no ser así, por lo menos una copia en papel hará la misma función.

Al llegar a nuestra intersección una vez que hayamos hecho las pruebas de motor y sistemas del avión, llamaremos a la torre para el despegue. Es importante tomar el tiempo en terminar de preparar todo lo que necesitamos para el despegue, pues una vez que nos den la autorización para ya no tendremos tiempo para esperar al lado de la pista y hacer lo que nos falta.

También es muy importante el no olvidar cambiar la frecuencia de tierra ***121.9*** a la frecuencia de ***119.8*** que es la frecuencia de torre;

Pilot: San Antonio tower, NN1234, ready for takeoff, at KILO and Runway 12 right.

Tower: NN1234, fly Runway heading, clear for takeoff Runway 12 right at KILO.

Pilot: NN1234, is clear for takeoff Runway 12 right, maintain Runway heading.

De esta forma podremos ingresar a la pista, aplicar potencia y despegar, tratando de no ocupar mucho tiempo en este proceso. Recuerda todo debe de estar listo antes de oprimir el botón del micrófono, ademas generalmente están siempre ellos muy ocupados con mucho trafico.

Una vez que estemos en el aire, el controlador de la torre nos dará las direcciones que siguen para ayudarnos a salir de su espacio de responsabilidad;

Tower: NN1234, turn right on course, maintain VFR, contact departure on 127.1

Pilot: NN1234, turn right VFR on course, contact departure 127.1

Es en esta frecuencia en donde contactaremos la agencia que controla el flujo de las salidas, ellos son responsables por continuar guiarnos el resto del espacio aéreo clase CHARLIE;

Pilot: San Antonio departure, NN1234, with you 3300 for 7500,south departure.

Departure: NN1234, maintain VFR, proceed on course.

Pilot: NN1234, VFR on course.

Continuaremos en esta frecuencia mientras que estemos en el espacio aéreo controlado clase CHARLIE, en muchas ocasiones el controlador nos llamara una vez mas para darnos información adicional de trafico. Y nosotros deberemos estar listos para seguir sus direcciones pues ellos siguen siendo la autoridad en su área de responsabilidad. Una vez que hayamos salido 20 millas del espacio aereo el controlador nos llamara;

Departure: NN1234, radar service is terminated, squawk 1200.

Pilot: NN1234, clear of CHARLIE airspace, squawking 1200.

A este punto podremos resumir nuestra propia navegación continuando nuestro viaje y también podremos cambiar nuestra frecuencia a la siguiente que necesitemos.

Conclusión.

No cabe duda de que ir a espacios aéreos controlados clase CHARLIE, siempre envuelve un mayor grado de preparación para poder operar con seguridad y eficiencia. No olvides que se requiere establecer comunicación de radio del tipo ***"two way"***, lo cual quiere decir que el piloto llama al controlador y el controlador responde utilizando la matricula del avión. Si no escuchas la matricula de tu avión de parte del controlador no has establecido comunicaciones y por ende no estas autorizado para ingresar a este espacio aéreo. También debemos de asegurarnos de que nuestro aparato de ***"transponder"*** esta operacional y cuenta con la capacidad de reportar la altura de nuestro avión, lo cual también es requerido al operar en estos espacios aéreos.

No niego que el solo pensar en que vamos a ir a un espacio aéreo controlado, teniendo necesidad de comunicarnos con diferentes agencias en el suelo y en el aire, al mismo tiempo que operamos el avión hará que se nos suba la presión de la sangre. Pero con el entrenamiento adecuado y la practica constante será algo que podrás realizar de una forma muy natural con el tiempo.

Así que yo te animo a que vayas con otro piloto que este familiarizado con estos procedimientos ó que contrates un instructor certificado que te acompañe, pues en realidad el espacio aéreo clase CHARLIE es uno de los mejores salones de clase que podrás tener en tu carrera como piloto aviador.

7

ESPACIO AEREO CLASE D

Espacio aéreo clase DELTA Mcallen, Tx.

El espacio aéreo clase DELTA, se extiende de la superficie hasta aproximadamente 2500 pies sobre la superficie del aeropuerto. Aunque algunas veces este espacio aéreo estará regido en forma y tamaño por el área que lo rodea. Este espacio aéreo esta marcado en la carta de navegación por una raya azul, quebrada. Algunas veces veremos una linea gruesa magenta, la cual indica el espacio aéreo clase E comenzando a 700 pies sobre el nivel de el suelo. Tiene una torre de control y el espacio aéreo existe solo cuando la torre de control esta operando.

Te darás cuenta que el símbolo del aeropuerto esta en color azul, de la misma forma que la información perteneciente a el. La razón es poder distinguir mejor.

En la primera linea se encuentra el nombre del aeropuerto; ***MCALLEN MILLER INTL (MFE)***, seguido de las 3 letras que identifican el aeropuerto en los Estados Unidos.

En la segunda linea se encuentra ***CT-118.5*** que es la frecuencia de la torre de control, ***CT*** (significa Control Tower), seguido de una estrella lo cual indica que el aeropuerto trabaja solo parte del dia. Para conocer las horas tienes que buscar en la parte frontal de la carta de navegación donde vienen las horas de operación. Después sigue la letra ***C*** encerrada en un circulo que es la; CTAF (common traffic advisory frequency) lo cual indica que debemos de usar la misma frecuencia de la torre, para comunicarlos unos con otros cuando la torre esta cerrada. Y la parte final de la segunda linea dice ***ATIS*** (automatic terminal information service) ***128.5*** esta es la frecuencia en la que recibiremos la información del clima como esta sucediendo en este aeropuerto.

En la tercer linea azul aparece la elevación del aeropuerto ***107*** pies, seguido del asterisco y la letra ***"L"*** lo cual indica que hay limitaciones en las luces de la pista, generalmente cuando la torre esta cerrada. El numero ***71*** es el largo de la pista principal en cientos de pies, es decir la pista de MFE tiene 7100 pies de largo, solo se muestra la pista mas larga. Y la ultima frecuencia ***122.95*** es la frecuencia del UNICOM (Universal Communications) ó del FBO (Fixed Base Operator) que opera en este aeropuerto.

En la cuarta linea aparecen las letras ***AOE*** (airport of Entry). Es decir este aeropuerto posee aduana para realizar los procedimientos de entrada a Estados Unidos, cuando venimos de un Pais extranjero. No todos los aeropuertos en

USA tienen aduana solo aquellos en que aparece ***AOE*** es en los cuales podemos realizar este proceso.

Como es un aeropuerto con torre de control, siempre existirá un controlador que ayude a aliviar el flujo de aviones despegando ó aterrizando en estos aeropuertos. Y también tienen horas de operación, al punto que una vez que los controladores termines sus turnos se irán a casa y el espacio aéreo clase DELTA se convertirá en espacio aéreo clase ECHO ó GOLF según corresponda.

Para finalidad de este manual hablaremos del caso típico clase DELTA, que se asemeja a un cilindro, figura superior del Aeropuerto de McAllen, Texas.

Algunos pilotos se sienten intimidados por la existencia de la torre de control al punto de que no les gusta volar a este tipo de aeropuertos. Pero en mi experiencia yo he podido observar que después de practicar constantemente en esta clase de espacios aéreos desarrollamos confianza para operar en ellos.

TORRE DE CONTROL.

Los controladores en la torre de control son la autoridad máxima en este tipo de espacios aéreos. Ellos controlan todos los aviones y con esto quiero reafirmar TODOSLOS AVIONES, los que están en el aire y los que están en el suelo. Incluyendo movimiento de otros vehículos que podrían causar interferencia con el flujo correcto y seguro del trafico en este espacio aéreo.

El controlador es la autoridad dentro de este cilindro de espacio aéreo y sus directivas no son una asesoria nada más, como en el caso del UNICOM (Universal Communications) y del MULTICOM (esta es una buena oportunidad para repasar estos capítulos). Sus directivas son mandatorias, así que debemos cumplir lo mejor que podamos cuando el controlador nos de una directiva en el aire ó en el suelo. La única forma en que los pilotos podemos salirnos de las direcciones que el controlador nos de; es en el caso de una emergencia ó cuando nosotros como pilotos al mando, reconozcamos que estamos limitados para seguir la direccion pues obedecerla causaría conflicto. En este ultimo caso probablemente la torre nos pediría que explicáramos el porque no obedecimos, después de haber aterrizado.

Recuerda que aunque el controlador es la autoridad en la torre, nosotros los pilotos somos la autoridad en el avión. Y tenemos la obligación de ejercitarla cada vez que esta sea necesaria. Los controladores también son humanos, cometen errores y para ellos algunas ocasiones es imposible mirar a la altura en que nosotros nos encontramos, es fácil que a ellos se les *"escape"* algo que nosotros fácilmente podemos ver del aire. Me gusta pensar que somos un equipo, que trabajamos juntos con el único propósito de facilitar el flujo a estos aeropuertos.

En orden de poder operar en este espacio aéreo clase DELTA, los pilotos debemos primero establecer comunicación de radio con el controlador. Y esta comunicación deberá de ser del tipo ***"two-way"*** que quiere decir; los pilotos llamamos y el controlador nos contesta usando la identificación de nuestra aeronave. Si no escuchamos al controlador contestarnos usan-

do nuestra identificación, entonces se considera que no hemos establecido el tipo de comunicaciones ***"two-way"*** y por ende no podremos operar dentro de estos espacios aéreos.
Asi que antes de entrar a la linea quebrada azul, debemos llamar por la autorización para entrar y operar en el espacio aéreo. Si no nos contesta podremos intentar varias veces. Y si aun no recibimos comunicación con el controlador y sospechamos falla de nuestros radios aun así podemos aproximarnos, sobre volar el aeropuerto para ver el flujo de trafico. Con el código transponder 7600 le haremos saber al controlador de que perdimos nuestros radios. Y circularemos alrededor de la torre a una altura segura hasta que recibamos señales de la pistola de luces. La otra opción será aterrizar en algún aeropuerto cercano y llamar por teléfono a la torre de control, especificando nuestra intención de entrar a este aeropuerto. Una vez que lo coordinemos con el controlador podremos resumir nuestro vuelo a este aeropuerto y hacer las reparaciones correspondientes.

Pero asumiendo de que nuestros radios estan funcionando apropiadamente no deberemos ingresar a estos espacios aereos sin recibir autorizacion del controlador. Me gusta pensar que el controlador es como el policia de transito, quien esta ahi para garantizar un flujo constante y seguro del trafico operando en estos aeropuertos.

PONGAMONOS EN EL LUGAR DEL CONTROLADOR POR UN MOMENTO.

El controlador es el responsable de mantener separados los tráficos en el área. Coordinando las entradas y las salidas del aeropuerto para lograr un flujo seguro y constante. El es responsable por tener un plan de como se va ha operar en su espacio aéreo. Y esto se puede ver agravado cuando alguno de los pilotos hace algo completamente diferente de lo que el controlador planeo. Lo cual puede motivarse debido que el piloto no entendió la directiva del controlador, ó debido a que el piloto pretende hacer algo diferente que a juicio suyo es mejor. Cualquiera de estas dos razones ponen la seguridad del aeropuerto en peligro.
Si no entendemos algo es mejor pedir al controlador que vuelva a repetir lo que dijo, y para ello utilizamos la frase ***"SAY AGAIN PLEASE"*** que quiere decir *"por favor, dilo una vez mas"*. El controlador no se va ha enojar si lo solicitamos una vez mas, para eso esta El ahí para ayudarnos con información extra. Es cuando le anunciamos al controlador de que entendimos y hacemos algo totalmente diferente a lo que se nos pidió hiciéramos, cuando el controlador pierde la secuencia del plan que El ya tiene pensado para los aviones.
También si la intención del piloto aparenta ser mejor que la del controlador, es mejor que el piloto pida autorización con el controlador, que lo negocie con el controlador y no que de una forma arbitraria lo haga ignorando la directiva original del controlador.
En ocasiones los pilotos no queremos aparecer como unos tontos y respondemos *"roger"* al controlador haciendo saber que haremos lo que El nos pidió. Pero como obedeceremos lo que El digo si no le entendimos en primer lugar. Lo mejor en caso de una duda es preguntar diciendo ***"SAY AGAIN PLEASE"***. No debemos de sentirnos intimidados por ello, especialmente cuando envuelve la seguridad nuestra y la de los demás pilotos.

OPERANDO EN ESPACIO AÉREO CLASE D.

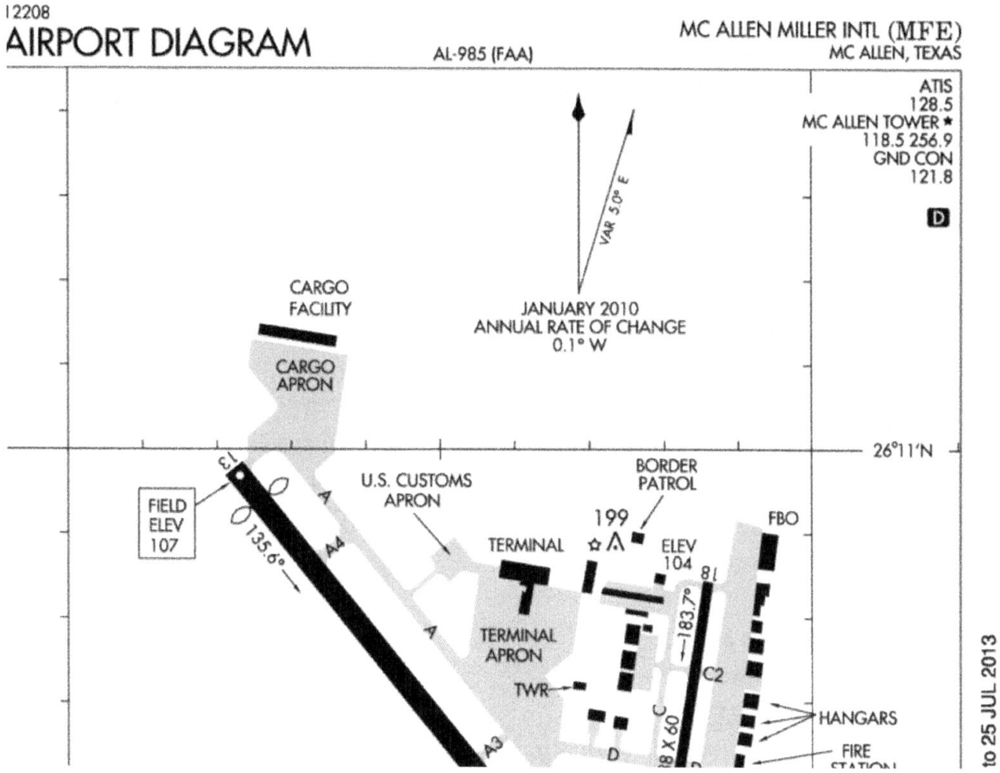

Pista 13 espacio aéreo clase DELTA Mcallen, Tx.

Ahora simularemos un vuelo al aeropuerto de McAllen, Texas. (MFE). Nos aproximaremos del norte a una altura de 2500 pies, para un aterrizaje en espacio aéreo clase DELTA. Comenzaremos a escuchar la información del clima en la frecuencia del ***ATIS 128.5*** lo mas lejos posible de la estación. De esta forma tendremos la información del clima con tiempo y tendremos la oportunidad de analizarla, para poder tomar las decisiones necesarias para aterrizar en McAllen. Así que sintonizamos la frecuencia y escuchamos algo como esto;

McAllen tower, automatic terminal information service, information ALFA, 1535 zulu, wind 150 at 08, visibility 10, sky conditions scattered 3100, temperature 28 Celsius, dew point 23 Celsius, Altimeter 3001, expect ILS Runway 13, advise you have information ALFA.

Recuerda que la recepción de radio dependerá de la altura y la distancia a la que estemos volando, de la estación. Si no la escuchamos tendremos que ser pacientes y acercarnos para tener una señal mas fuerte en el radio. También es importante que anotemos la información en papel, con la intención de poderla tener a la mano y con calma poder procesar la información.

Sabemos que el código es ALFA, y si algo llegase a cambiar en el clima lo notaríamos por el cambio en el código. La dirección del viento es del sur este así que aterrizaremos en la pista 13, la visibilidad es perfecta con 10 millas, las condiciones de las nubes sobre el aeropuerto son cielo quebrado a 3100 pies, la temperatura en grados Celsius es 28, el punto de rocío es de 23, la presión barométrica 3001, esperemos usar la pista 13 y que avisemos tenemos información ALFA.

Como a las 15 millas sintonizaremos la frecuencia de la torre ***118.5*** para comenzar a escuchar y darnos una idea de lo que esta sucediendo en el aeropuerto. Y parece mentira pero por el solo echo de escuchar con tiempo habrá muchas cosas que podrás entender antes de llegar y hablar con el controlador.

Y aunque el espacio aéreo comienza 5 millas del aeropuerto, siempre es bueno llamar como a las 10 millas como precaución para que no se nos olvide y terminemos entrando al espacio aéreo sin haber contactado al controlador. Recuerda necesitamos establecer comunicación del tipo ***"two-way"*** antes de ingresar a este espacio aéreo. No podemos ingresar sin la autorización del controlador, así que a las 10 millas utilizando las 5 *"W"* diremos algo como esto;

WHOM; McAllen Tower
WHO; NN1234
WHERE; 10 miles north at 2500
WHAT; landing McAllen
WITH; Information ALFA

Pilot: McAllen tower, N12345, 10 miles north at 2500, landing McAllen, Information Alfa.

I como puedes ver, utilizando las 5 *"W"* podrás ofrecerle al controlador de una forma concisa y rápida todo lo que El necesita saber para poder ayudarte a aterrizar en McAllen. El controlador probablemente responderá con algo como esto;

Tower: NN1234, enter and report midfield downwind Runway 13.

Ahora, en ocasiones no tiene sentido lo que el controlador nos dice, pero el es la autoridad y nosotros deberemos obedecer a sus direcciones. En este caso en particular para mi como piloto seria mejor simplemente entrar un básico por la izquierda pues vengo del norte, no hay necesidad de que me desvíe hacia el Sureste. Si podría ser practico para mi pero no para el controlador quien tiene ya listo trafico en final para aterrizar y otros mas en el patrón de trafico. Así que su plan es enviarme al inicial del patrón de trafico con la intención de hacer espacio con los otros aviones y acomodarme a mi. En ocasiones aunque no entendamos las decisiones del controlador, encontraremos que siempre hay una razón muy poderosa atrás que nosotros no podemos anticipar. Así que una vez que hayamos localizado al pista nos dirigimos al inicial a la mitad de la pista y podremos llamar al controlador diciendo algo como;

Pilot: McAllen tower, NN1234, midfield left downwind, Runway 13.

De aquí el controlador nos dará mas información de como quiere El que prosigamos para el aterrizaje. Asumiendo que tiene el trafico en final, quizás nos pida que busquemos el trafico y mantengamos contacto visual con el, diría algo como esto;

Tower: NN1234, you are number two to land behind the Cessna 172 on final, report traffic in sight.

Así que comenzaremos a buscar el trafico afuera y una vez que lo localizamos tenemos que avisarle al controlador pues el nos pidió reportarlo a la vista;

Pilot: McAllen tower, NN1234, traffic in sight, no factor, number two to land on Runway 13.

Y una vez que el avión numero uno tenga suficiente distancia para aterrizar el controlador nos dará la autorización para aterrizar diciendo algo como esto;

Tower: NN1234, maintain visual separation with the Cessna 172, number two, clear to land.

Y de esta forma estaremos autorizados para aterrizar en la pista 13. Recuerda no podemos entrar al espacio aéreo si no establecemos comunicación con la torre de control, para que ellos nos den la autorización de operar en este espacio aéreo, tampoco podremos aterrizar a menos que recibamos la autorización de parte del controlador.

Una vez que hayamos aterrizado probablemente el controlador nos dirá que salgamos de la pista activa de la siguiente forma;

Tower: NN1234, exit Runway 13 at taxiway Charlie, contact ground control in 121.8

Pilot: NN1234, exit Runway 13, at Charlie, contact 121.8

Lo que el controlador quiere de nosotros, es que salgamos de la pista 13 utilizando la salida ***"C"***, y una vez fuera de la pista que contactemos al controlador de tierra en la frecuencia de ***121.8*** quien nos dará la instrucción siguiente para continuar a nuestro lugar de destino.

Algunas situaciones especiales al operar en clase D.

También hay situaciones especiales en las que envuelve el tener que modificar la entrada para aterrizar en estos aeropuertos, generalmente dependerá del criterio del controlador. Por ejemplo en orden de permitir mas espacio entre el trafico el controlador puede pedirnos una de varias cosas, de acuerdo a la necesidad que se vaya dando. El puede pedirnos que extendamos el inicial debido a trafico.

Tower: NN1234, extend your downwind for spacing.

Pilot: Understand, NN1234, extend downwind on Runway 13.

Es necesario responder al controlador repitiendo lo que El nos dijo, pues esta es la única forma en que el controlador se dará cuenta de que entendimos sus direcciones. No tenemos que decir mucho en el radio para no obstruir otros pilotos tratando de comunicarse, pero si lo suficiente para que El nos corrija si algo no entendimos. Una vez que hayamos extendido suficiente nuestro inicial el nos llamara para pedirnos comencemos nuestra entrada al básico;

Tower: NN1234, turn base Runway 13, clear to land.

Pilot: NN1234, turning base Runway 13, clear to land.

Otras veces el controlador te pedira que hagas una vuelta de 360 grados para separacion de trafico;

Tower: NN1234, make a right 360 at downwind, for spacing, report turning downwind.

Pilot: NN1234, right 360, we are going to report downwind.

Y una vez que completemos la vuelta de 360 grados y reportemos inicial como se nos pidió, entonces recibiremos la autorización para aterrizar o mas información de como proseguir.

Otras ocasiones el controlador nos autorizara una entrada directa al básico;

Tower: NN1234, report 2 miles left base, Runway 13.

Pilot: NN1234, we are going to enter and report, 2 miles Runway 13.

Esto tiene la ventaja de ayudarnos a entrar de una forma mas rápida a la pista activa y si no hay conflicto con otro trafico la torre nos dará una autorización como esta.

Otras veces es el interés del controlador de que entremos directamente al final de la pista;

Tower: NN1234, enter and report, 5 miles straight in, Runway 13.

Pilot: NN1234, we are going to enter and report 5 miles final Runway 13.

Algunas veces será necesario abortar la aproximación y el aterrizaje, así que el controlador nos dará las siguientes direcciones a seguir;

Tower: NN1234, go around right side of the runway, make right traffic, report downwind.

Pilot: NN1234, going around, Runway 13, right traffic, report downwind.

No podemos evitarlo, pero algunas veces será necesario actuar en base a lo que el controlador nos dice inmediatamente. Así que si oyes ***"go around"*** inmediatamente comienza los procedimientos para abortar tu aterrizaje. No pidas mas información, simplemente acelera y prosigue, el controlador mas adelante te dará mas información.

También en otras ocasiones nos será necesario practicar maniobras en este espacio aéreo. Y tendremos que solicitar autorización también para ello;

Pilot: McAllen tower, NN1234, on downwind, requesting the option.

Tower: NN1234, clear for the option.

Y al recibir la opción, es una herramienta muy útil, especialmente para nosotros los Instructores entrenar diferentes maniobras, como pueden ser aterrizajes de emergencia, aterrizajes cortos, abortar la aproximación, vuelo rasante ó toques y despegues.

Como puedes darte cuenta es completamente a discreción del controlador, el como planear nuestra entrada y aterrizaje al aeropuerto. Nosotros debemos trabajar como un equipo con el controlador siguiendo al pie de la letra sus direcciones.

OPERACIONES EN TIERRA.

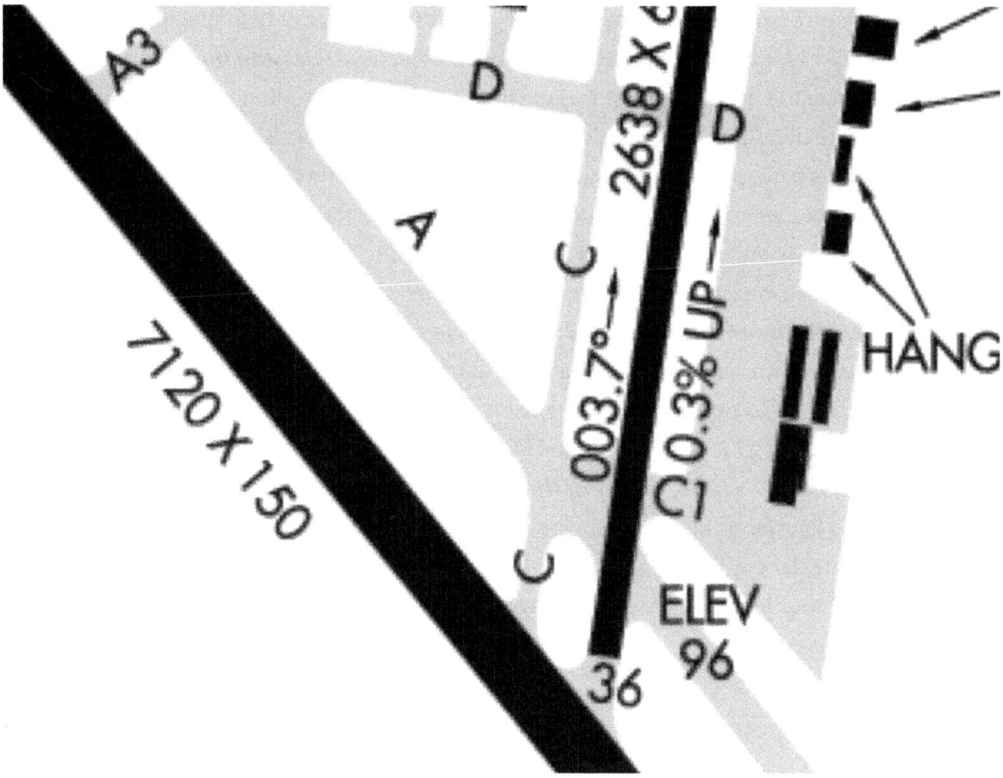

Pistas de carreteo en McAllen, Tx.

En la torre de control existen varios controladores y dependiendo de la actividad de trafico que se de en el aeropuerto será el como ellos se repartirán el trabajo. Un controlador estará en la frecuencia principal controlando el flujo en el aire, otro controlador tendrá una frecuencia discreta la cual usara para controlar el flujo de trafico en la tierra. Estas frecuencias se pueden encontrar en el A/FD (Airport/Facility Directory) como se muestra en la imagen superior ó en la parte frontal de las cartas de navegación.

En algunas ocasiones cuando no hay mucha actividad de trafico, encontraras que el mismo controlador del aire, controla también el trafico en tierra. Y es aquí donde escucharas la misma voz en las dos frecuencias. Es el controlador quien te aconsejara cambiarte de frecuencia o quedarte en la misma con El.

Así que ya salimos de la pista 13 en Charlie y el controlador ya nos dijo que contactáramos el controlador de tierra en 121.8 lo cual hacemos. Le hacemos ver de que estamos en la salida Charlie y solicitamos ir al FBO que se llama "Eddie Aviation";

Pilot: McAllen ground, NN1234, at Charlie and Runway 13, requesting taxi to Eddie Aviation.

Ground; NN1234, taxi to Eddie Aviation via Charlie, Delta, hold short Runway 18.

Es muy importante el poder repetir estas direcciones lo mas correcto posible, de esa forma el controlador podrá corregirnos en caso de que no hayamos entendido lo que dijo;

Pilot: NN1234, taxing to Eddie Aviation, via Charlie, Delta and hold Runway 18.

Aquí el controlador nos dijo que nos moviéramos a "Eddie Aviation" vía Charlie y Delta, pero que nos detuviéramos en la pista 18. Así que procedemos de esta forma y al llegar a la pista 18 pararemos para que nos den la autorización de cruzar esta pista. Como parte de nuestra preparación para este vuelo es bueno el tener con nosotros una copia del diagrama del aeropuerto donde nos encontramos para poder entender mejor lo que el controlador esta haciendo. Así que al llegar a la pista 18, no podremos cruzarla hasta pedir autorización;

Pilot: McAllen Ground, NN1234, holding short at Delta and Runway 18.

Una vez que el controlador se asegura de que no habrá ningún conflicto de trafico con otros vehículos, entonces nos dará la autorización.

Ground: NN1234, taxi across Runway 13, proceed to Eddie Aviation ramp.

Pilot: NN1234, crossing Runway 13, to Eddie Aviation ramp.

De esta forma habremos llegado a nuestro destino, siguiendo las direcciones del controlador. Recuerda que debemos siempre repetir dichas direcciones para que el controlador confirme que entendimos lo que El quiere que hagamos.

Algunas situaciones especiales cuando operamos en tierra.

Algunas ocasiones cuando salgamos de la pista si no hay mucho trafico en el aeropuerto, es muy común que un solo controlador trabaje las dos frecuencias la del aire y la de tierra. Así que el controlador nos va ha pedir que permanezcamos con el El en la misma frecuencia al salir de la pista;

Tower: NN1234, exit Runway 13 at Charlie, remain in this frequency.

Pilot: NN1234, exit Runway 13 at Charlie, with you.

Cuando estemos completamente fuera de la pista 13 en lugar de cambiar frecuencia, nos quedamos con la misma frecuencia de la torre, puesto que el controlador así nos lo pidió. Y en esta misma pediremos direcciones para nuestro destino;

Pilot: McAllen tower, NN1234, at Charlie and Runway 13, requesting taxi to Eddie Aviation.

Tower: NN1234, taxi to Eddie Aviation, via Charlie, Delta, cross Runway 18.

Pilot: McAllen tower, NN1234, taxing to Eddie Aviation, via Charlie, Delta, cross Runway 18.

En este caso en particular ya nos dieron la autorización para ir a Eddie Aviation, utilizando Charlie, Delta y también nos autorizaron a cruzar la pista 18.

Pero que sucede si no estamos familiares con el aeropuerto ó las rutas de carreteo. Aun si nos perdemos contamos con una herramienta que nos ayudara, es el hecho de poder solicitar al controlador que nos *"lleve de la mano"* utilizando ***"PROGRESSIVE TAXI"***, lo cual consiste en que el controlador nos dará direcciones una a una para llevarnos de una forma progresiva y segura a nuestro destino. Pero nosotros los pilotos deberemos de solicitarlo;

Pilot: McAllen ground, NN1234, at intersection Charlie and Runway 13, request progressive taxi to Eddie Aviation ramp.

Ground: NN1234, continue straight in Charlie… … …

Iniciamos nuestro carreteo en Charlie y mas adelante con sorpresa escucharemos al controlador una vez mas;

Ground: NN1234, turn right at Delta… … …

Daremos la vuelta en Delta y justo antes de llegar a la pista 18 se escuchara la voz del controlador;

Ground: NN1234, taxi across Runway 18, continue straight to Eddie Aviation ramp.

No olvides repetir cada dirección que el controlador te da. ***"PROGRESSIVE TAXI"*** es una gran herramienta pues nos sacara de muchos apuros especialmente cuando no estamos familiarizados con el aeropuerto. Es mejor solicitar esta ayuda a correr el riesgo de equivocarnos y cometer un error que podría poner la seguridad de los movimientos en tierra en peligro. Debemos de usar esta herramienta simplemente porque esta ahí con estos fines. El valor de ***"PROGRESSIVE TAXI"*** se vuelve aun mas importante cuando operamos de noche, pues de noche las vías de carreteo del aeropuerto se ven diferentes y la falta de referencias debido a la obscuridad hacen que el piloto se pueda perder fácilmente.

Asi que con ***"PROGRESSIVE TAXI"***, el controlador te llevara de la mano hasta el FBO (Fixed Base Operator), pero hay que tomar en cuenta que El no te recomendara uno en particular. El piloto es responsable por prepararse de antemano para decidir a cual FBO llegar.

Algunas ocasiones tendremos que mover nuestro avión dentro de las instalaciones del aeropuerto, como cuando llegamos a la aduana en el aeropuerto internacional de McAllen, Texas y necesitamos movernos al FBO. También los movimientos en tierra que envuelvan el uso de las vías de carreteo deberán de estar aprobadas por el controlador. Así que en la frecuencia de tierra lo solicitaríamos así;

Pilot: McAllen ground, NN1234, at customs ramp, request taxing to Eddie Aviation.

Ground: NN1234, taxi to Eddie Aviation, via Alfa, Delta, cross Runway 18.

Pilot: McAllen ground, NN1234, taxing to Eddie Aviation, via Alfa, Delta, cross Runway 18.

Asi que todos los movimientos que hagamos en tierra, deberán ser siempre aprobados por el controlador si estos envuelven circular a cualquier pista o vías de carreteo. Así que debemos de tener un diagrama a la mano del aeropuerto con la intención de familiarizarnos con el.

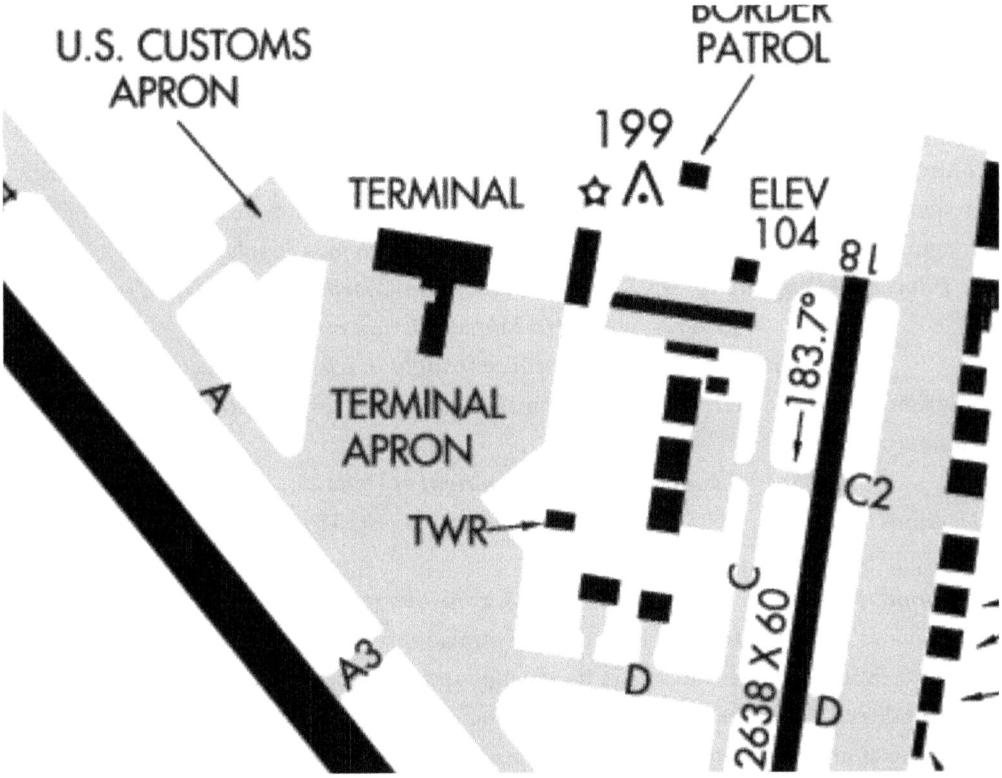

Aduana en el aeropuerto de McAllen, Tx.

Obteniendo información del clima ATIS.

ATIS (automatic terminal information service). En estos aeropuertos en orden de poder dar la información del clima a cada piloto, se realiza una grabación por el controlador, cada hora ó cada vez que algo cambie en el clima. Y se identifica con una letra del alfabeto fonético. De esta forma cuando uno contacte al controlador en el radio deberemos de mencionar esta letra para que el controlador se de cuenta que tenemos la información del clima mas reciente. Y no tenga El la necesidad de tener que repetirla. Podrías imaginarte tu el tremendo trabajo que el controlador tendría al tener que repetir a cada piloto toda la información del clima esto seria casi imposible. Especialmente cuando lo distraería de otras actividades que El tiene que realizar.

Es así que en orden de mantener esa información del clima disponible para los pilotos, se graba y constantemente se esta lanzando al aire en la frecuencia designada para el ***ATIS***.

*La información que se incluye en el **ATIS** es; El código que identifica la información vigente, la hora a la que la información fue grabada, la dirección y velocidad del aire, la altura de las nubes, la temperatura, el punto de rocío, la presión barométrica, la pista en uso y cualquier otra información especial que el controlador encuentre necesaria para los pilotos.*

Como dije cada grabación tiene un código fonético, la cual debemos mencionar al hacer el primer contacto con la torre, en el aire o en el suelo, escucharemos algo así;

McAllen tower information Echo, 2253 zulu, wind 130 at 14 gusting 21, visibility 10 miles, sky clear, temperature 34, dew point 21, altimeter 2997, Density Altitude 2300, expect ILS 13, advise you have information Echo.

Y hablando de escribir la forma que yo he desarrollado atravez de los años es la forma vertical, tu puedes desarrollar la que te haga sentir cómodo.

McAllen
E
2253 z
130-14 G21
V 10
Clear
34/21
2997
DA 2300
ILS 13
E

Probablemente tengas que escucharla una o dos veces mas para asegurarte de que tienes toda la información, no hay nada de malo escuchar suficientes veces, hasta que copiemos todo a satisfacción nuestra. Me gusta la forma vertical, pues puedo añadirla cosas que se me pasaron, pero si lo escribo horizontal será muy difícil añadir mas información. Aunque tu tienes la libertad de modificarla a tu conveniencia o a lo que te haga sentir seguro. Así que usando esta técnica encuentro que;

El aeropuerto es McAllen, el código es Echo, la hora en Zulu es 2253, la dirección del viento es 130 con 14 nudos de velocidad y ráfagas de 21 nudos, la visibilidad 10 millas, cielo claro no hay nubes, la temperatura 34 grados, el punto de rocío 21 grados, la presión barométrica 2997, la densidad 2300 pies, están usando el ILS 13 y una vez mas confirmo información Echo.

Como puedes ver es una forma muy simple de tomar la información y anotarla de una forma gráfica para referencias posteriores. De esta forma ayudaremos al controlador, pues El no tendrá que repetirnos una vez mas la información completa del clima.

Saliendo de este espacio aéreo.

Una de las ventajas que tenemos en los espacios aéreos controlados es que; La estructura que usamos para seguir la secuencia de las comunicaciones esta muy bien definida, al punto que con practica te darás cuenta es casi siempre la misma. Y no solo la secuencia de que frecuencias usara ó a quien llamar, sino que aun las sentencias son casi las mismas todo el tiempo. Lo que yo he visto en mis clientes es el hecho de que ellos se sienten muy seguros después de la tercera ocasión en que entran a estos espacios aéreos. Encontraras que es muy repetitiva, así que cada vez que regreses a este aeropuerto en particular encontraras que te sientes mas confiado. Así que no podemos evitarlo a un punto debemos exponernos a operar en este tipo de espacio aéreo.

Asi que antes de contactar al controlador, debemos escuchar el ***ATIS*** que corresponde a la hora actual y es muy importante el poder escribirlo en papel, para poder así digerirlo mejor. Por alguna razón que no entiendo, muchos de los pilotos somos reacios a escribir la información del clima ó las autorizaciones que recibimos de los controladores. Pero desarrollar este habito es algo que nos ayudara a desarrolla confianza al operar en cualquier tipo de aeropuertos. Mas de esto en el capitulo de *"Obteniendo información del clima ATIS"*. Así que ya escuchamos el **ATIS** y usando las 5 *"W"* llamamos al controlador de tierra en la frecuencia de ***121.8*** diciendo;

WHOM; McAllen Ground
WHO; Piper NN1234
WHERE; at Eddie Aviation
WHAT; request taxi
WITH; information Echo.

Pilot: McAllen Ground, Piper NN1234, at Eddie Aviation, request taxi, information Echo.

De esta forma habrás incluido toda la información que el controlador necesita para darte tu autorización y poder moverte en su área de responsabilidad. Probablemente el te conteste con algo como;

Ground: Piper NN1234, taxi to Runway 13, via Delta and Alfa, cross Runway 18.
Pilot: Piper NN1234, taxing to 13, via Delta and Alfa, cross 18.

Aquí será muy buena idea el poder tener una copia del diagrama del aeropuerto, para poder ubicarnos y encontrar la ruta de como el controlador quiere que vayamos a la pista 13. Así que proseguimos comenzando en DELTA, como puedes ver hay que atravesar la pista 18 para continuar en DELTA lo cual podemos hacer con confianza pues el controlador ya nos autorizo cruzarla. Al terminar DELTA damos vuelta a la derecha en ALFA, para terminar al fondo en la rampa de espera, antes de ingresar a la pista.

El aeropuerto de McAllen cuenta con una gran rampa antes de entrar a la pista 13. Donde podremos realizar nuestras pruebas de motor y sistemas. Es muy fácil olvidar cambiar la frecuencia de tierra a la frecuencia de aire, si esto te sucede el controlador te pedirá que cambies, pues no te puede dar autorización de despegue en la frecuencia de tierra, tiene que ser esta en la de aire. Una vez que estemos listos contactaremos al controlador utilizando las 5 *"W"* pero esta vez en la frecuencia de Torre ***118.5*** para solicitar nuestra autorización de despegue con salida al Norte;

Pilot: McAllen tower, Piper NN1234, holding short at Runway 13 and ALFA, ready for takeoff, North departure.

Tower: Piper NN1234, cleared for takeoff, Runway 13, North departure approved.

Pilot: Piper NN1234, Cleared for takeoff, Runway 13, North departure approved.

De esta forma ingresamos a la pista, aceleramos para despegar y al alcanzar una altura segura podremos iniciar nuestra vuelta hacia el Norte puesto que el controlador de torre ya nos autorizo. Continuaremos nuestro asenso para alcanzar nuestro nivel de vuelo y mientras que estemos dentro de las 5 millas del espacio aéreo controlado clase DELTA, debemos mantenernos en la frecuencia ***118.5*** en el eventual caso de que el controlador necesite darnos una nueva dirección por trafico.

Una vez que lleguemos fuera del espacio aéreo, el controlador nos llamara para confirmar que salimos de su área;

Tower: Piper NN1234, you are clear of DELTA airspace, frequency change approved.

Pilot: Piper NN1234, frequency change approved.

Recuerda que no podemos cambiar frecuencias dentro del espacio aéreo controlado sin la autorización del controlador. Una vez que nos autorizo el cambio o estemos fuera del espacio aéreo y de la responsabilidad del controlador entonces podemos cambiar la frecuencia a nuestra discreción. En ocasiones cuando están ellos muy ocupados olvidan hacerlo y de echo no es demandado de que ellos lo hagan. Así que es buena practica, una vez que estemos fuera llamarles y confirmar que vamos a cambiarnos de frecuencia;

Pilot: McAllen tower, Piper NN1234, out of class DELTA airspace, request frequency change approve.

Tower: Piper NN1234, frequency change approved.

De esta forma habremos salido hacia el Norte y fuera de la responsabilidad del controlador, con lo cual resumiremos nuestro vuelo, cambiando las frecuencias a nuestra discrecion.

Conclusión.

Indudablemente el hecho de operar en este espacio controlado clase DELTA, aunque pequeño en operaciones puede convertirse en algo que cause mucho estrés para nosotros como pilotos. Pero con la practica adecuada y el entrenamiento constante esto se convertirá en algo muy natural para todos nosotros.

Recuerda que en este espacio aéreo antes de ingresar es necesario establecer comunicaciones con la torre de control en la frecuencia establecida para ella. Si la torre de control esta cerrada entonces usaras la misma frecuencia pero como CTAF (common traffic advisory frequency). Estas comunicaciones deberemos de establecerlas antes de ingresar en el espacio aéreo marcado con la linea azul quebrada. Las siguientes pueden ser practicas comunes que te ayudaran a desarrollar confianza al operar en estos espacios aéreos controlados.

1.- Escucha la información del ATIS con 20 o mas millas del aeropuerto.

2.- Como a las 15 milla escucha las comunicaciones de la torre de control, de esta forma puedes darte una idea de lo que esta sucediendo en el patrón de trafico y en área de control.

3.- Puedes inclusive practicar en tu mente lo que vas ha decir al controlador.

4.- Muy importante que escuches antes de transmitir para que no interrumpas a otros pilotos.

5.- Si no entiendes lo que el controlador te dice es mejor que clarifiques con El.

6.- Responde al controlador las direcciones que te dio para que El las confirme.

7.- Si es necesario desviarse de lo que el controlador nos autorizo, es mejor confesarlo al controlador y negociar con El lo que seguirá.

Atravez de los años he aprendido que volar en estos espacios aéreos controlados a pesar de ser algo que causa mucho estrés, es también lo que yo considero la mejor aula de clases. Pues aunque contamos con todo tipo de herramientas en la forma de libros, vídeos, audio, uno a uno con el instructor, etc, etc. Aun no hay substituto para el vuelo actual en este tipo de espacios aéreos, lo cual siempre nos trae no solo experiencia pero también confianza para operar en ellos.

Lo que quiero decir es que tenemos que exponernos a estas operaciones. Si no te sientes a gusto volar solo, invita a otro piloto que este familiarizado con el área, ó contrata un instructor de vuelo certificado que te acompañe y puedas así beneficiarte de la enorme ventaja de volar en estos espacios aéreos controlados.

8

ESPACIO AEREO CLASE E.

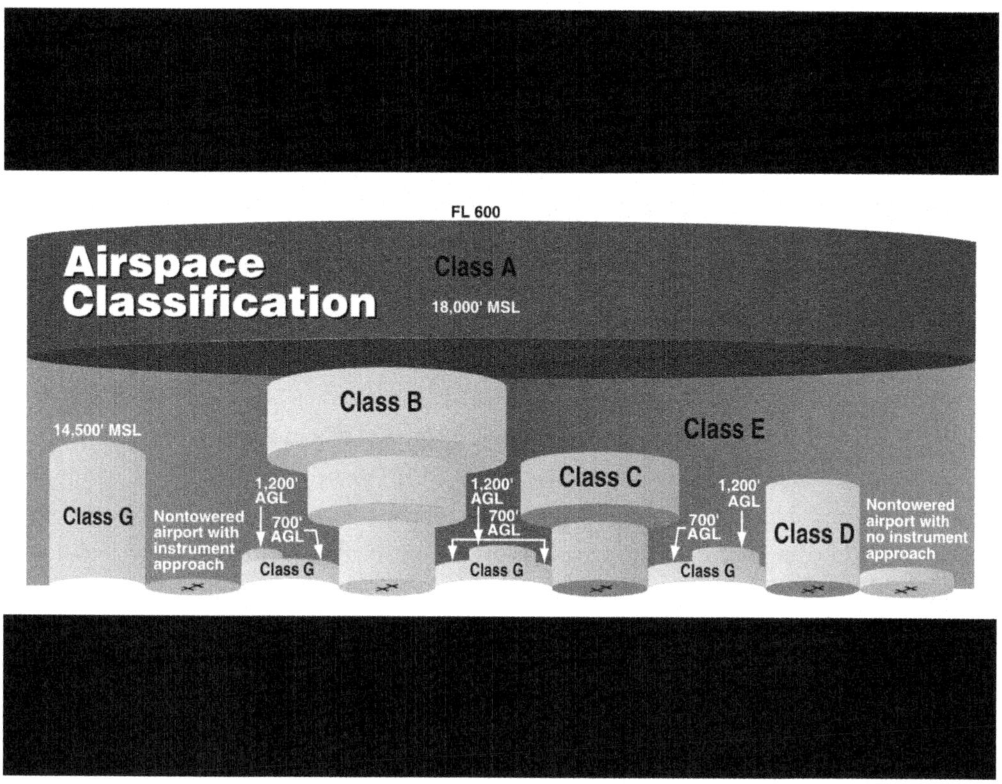

Espacios Aéreos de los Estados Unidos.

El espacio aéreo clase ECHO, es espacio aéreo controlado el cual no es es designado clase ALFA, BRAVO, CHARLIE, ó DELTA. No cuenta con un limite vertical en el piso, sino que se extiende desde la superficie ó del techo de otros espacios aéreos controlados, hasta 18,000 pies lo cual constituye el piso de espacio aéreo clase ALFA. Como se puede observar en la figura superior.

El unico propósito de este espacio aéreo es proveer separación entre aviones aterrizando ó despegando en condiciones metereologicas por instrumentos IMC (Instrument Meteorological Conditions). Como este libro es para operaciones en condiciones VFR (Visual Flight Rules) evitaremos la mayor parte de las operaciones conducidas en este espacio aéreo.

Como pilotos visuales VFR la mayor parte de nuestros vuelos se darán en espacio aéreo clase ECHO, entrando y saliendo de otros espacios aéreos controlados. Aun así en estos espacios aéreos contamos con herramientas que harán nuestro vuelo mas placentero y seguro. La principal ayuda que yo conozco de parte del controlador para nosotros pilotos VFR es sin lugar a dudas lo que llamamos ***"FLIGHT FOLLOWING"*** la cual describo en la siguiente seccion.

La herramienta de "FLIGHT FOLLOWING"

"FLIGHT FOLLOWING". Es una de las ayudas mas grandes que podemos recibir en los Estados Unidos cuando operamos visualmente. Esta disponible cuando la solicitamos a través de los controladores pero esta sujeta a la disponibilidad del controlador. Es decir si están muy ocupados no podrán ofrecerla, aunque en la vida real yo he visto que siempre los controladores tratan de asistirnos con ***"FLIGHT FOLLOWING".***

Esta ayuda básicamente consiste en que una vez que nos hayan asignado el código **"transponder"**, los controladores nos estarán siguiendo en el radar cuando estemos en el aire, generalmente en vuelos largos de **"cross country"** ó cuando nos sea necesario operar en espacios aéreos controlados muy congestionados. Hay que hacer la aclaración que en ***"FLIGHT FOLLOWING"*** no estamos controlados por ninguna agencia y debemos mantener condiciones visuales todo el tiempo, cumpliendo con las reglas VFR (Visual Flight Rules). Cuando los controladores nos den algunas direcciones serán solamente en forma de sugerencia. Por ejemplo; cuando operamos cerca de espacios aéreos controlados, tormentas u otros tráficos. En ningún momento deberemos de olvidar nuestra responsabilidad de mirar afuera de la cabina por trafico, pensando que el controlador es responsable por darnos vectores alrededor de ellos. Seguimos volando visuales y ***"FLIGHT FOLLOWING"*** no constituye ninguna autorización para operar por instrumentos. Es simplemente una asistencia voluntaria de parte del controlador.

Para solicitarla deberemos de hacerlo con el controlador mas cercano a nuestra posicion. Por ejemplo si estamos en espacio aéreo controlado clase BRAVO o CHARLIE, en donde ellos cuentan con una frecuencia de salidas ***"CLEARANCE DELIVERY"*** con ellos podremos solicitarla;

Pilot: San Antonio clearance, NN1234, request VFR clearance to the South and flight following at 5,500 to KMFE, we are a Cessna 206.

Es importante informar al controlador de que como parte de la autorización para salir de este espacio aéreo controlado clase BRAVO, quisiéramos añadir a la solicitud de ***"FLIGHT FOLLOWING"*** especificando la altura, el destino y el tipo de avión, de esta forma el controlador podrá organizar nuestra salida y coordinar con los siguientes controladores en el aire nuestro ***"FLIGHT FOLLOWING".***

Si tuviéramos que salir de un espacio aéreo clase DELTA, podríamos solicitarlo con el controlador de tierra debido a que no cuentan con ***"CLEARANCE DELIVERY";***

Pilot: McAllen ground, NN1234, at Eddie Aviation ramp, taxi to Runway 13, information ALFA also requesting flight following to KLRD at 4,500 we are a PA28.

Ground: NN1234, taxi to Runway 13, via DELTA, ALFA, cross Runway 18, squawk 2233, frequency 121.0

Pilot: NN1234, to 13 via DELTA, ALFA, squawk 2233, frequency 121.0

Como puedes ver ahora el controlador como parte de la autorización de carreteo, incluyo al final el código **"transponder"** y la frecuencia que utilizaremos al salir de su espacio aéreo, para comunicarnos con el siguiente controlador quien nos ira siguiendo en el radar.

Si tuviéramos que salir de un espacio aéreo sin controlar necesitamos encontrar en el A/FD (Airport/Facility Directory) la frecuencia del controlador mas cercano al aeropuerto de salida. Y una vez en el aire le contactaremos por medio de los radios;

Pilot: Valley approach, NN1234, departing KEBG, in route to KSAT, requesting flight following at 6500, we are a Cessna 182.

Approach: NN1234, squawk 3322 and ident.

Pilot: NN1234, squawking 3322 and ident.

Una vez que el controlador tenga tu señal en el radar te contactara de regreso;

Approach: NN1234, radar contact, 4 miles north of Edinburg, proceed on course maintain VFR.

Pilot: NN1234, proceed in course, maintain VFR.

De esta forma el controlador te ira siguiendo en su radar hasta que salgas de su espacio de responsabilidad. Cuando esto suceda El te hará saber cual es la siguiente agencia que debes de contactar y de dará la frecuencia;

Approach: NN1234, contact kingsville approach on 119.9

Pilot: NN1234, kingsville approach on 119.9

Una vez que sintonices la siguiente frecuencia antes de oprimir el botón del micrófono asegurate de que nadie este hablando y después de unos segundos contacta al controlador incluyendo tu altura;

Pilot: Kingsville approach, NN1234, with you at 6500.

Approach: NN1234, radar contact, Alice altimeter 2998.

Pilot: NN1234, altimeter 2998.

La razón de anunciar nuestra altura es para que el controlador en el radar verifique tengamos la presión barométrica correcta. De no ser así El nos dará el altímetro correcto mas cercano a nuestra ruta de vuelo, en este caso el aeropuerto de Alice, Tx.

*Codigo trasponder

De esta forma los controladores continuaran con nosotros en el radar hasta nuestro lugar de destino. Y nos pasaran con el siguiente controlador quien nos guiara a la entrada del aeropuerto controlado. Y si no es controlado el aeropuerto, el controlador nos pedirá que reportemos el aeropuerto a la vista, para cancelar el ***"FLIGHT FOLLOWING";***

Approach: NN1234, Alice airport at your 12 o'clock, advise the airport in sight.

Pilot: NN1234, we have Alice airport in sight.

Approach: NN1234, no report traffic between you and Alice, radar service terminated, squawk VFR, frequency change approved.

Pilot: NN1234, squawking 1200, frequency change approved.

Con ello cambiaremos a la frecuencia del aeropuerto de destino para proseguir con los procedimientos de las comunicaciones en espacios aéreos no controlados.

Recuerda que ***"FLIGHT FOLLOWING"*** es una ayuda voluntaria, depende de la disponibilidad de los controladores. Si por alguna razón ellos no están disponibles te lo harán saber;

Approach: NN1234, negative flight following, maintain VFR.

Pilot: NN1234, understand, maintain VFR.

En este caso no tuvimos suerte y tendremos que continuar nuestro vuelo VFR sin la asistencia del controlador.

9

ESPACIO AEREO CLASE G

Se le llama también espacio aéreo sin controlar ó clase GOLF. Se le puede también definir como todo el espacio aéreo que no es clase ALFA, BRAVO, CHARLIE, DELTA, y ECHO, los cuales son controlados. De ahí que el espacio aéreo clase GOLF es el único que no tiene un controlador que regule las comunicaciones y el trafico de esa área, de ahí el nombre ***"uncontrolled"*** o sin controlar.

Operar en espacios aéreos sin controlar, requiere mucha atención y vigilancia de parte de los pilotos para poder ver y evitar otros aviones, cuando se esta operando de este tipo de espacios aéreos. El piloto deberá de estar alerta todo el tiempo, anticipando lo inesperado. Y aprender a utilizar los procedimientos diseñados para estos aeropuertos, así como reconocer la frecuencia correcta y la información establecida en el AFD (Airport Facility Directory) en donde se publica con la información que corresponde a ese aeropuerto en particular.

En orden de poder comunicarnos en espacios clase GOLF, debemos de reconocer que hay dos tipos de facilidades que pueden ayudarnos a comunicarnos unos con otros y evitar situaciones de peligro. Con el propósito de diferenciarlos en Estados Unidos se han establecido las frecuencias ***MULTICOM y UNICOM.***

Multicom.

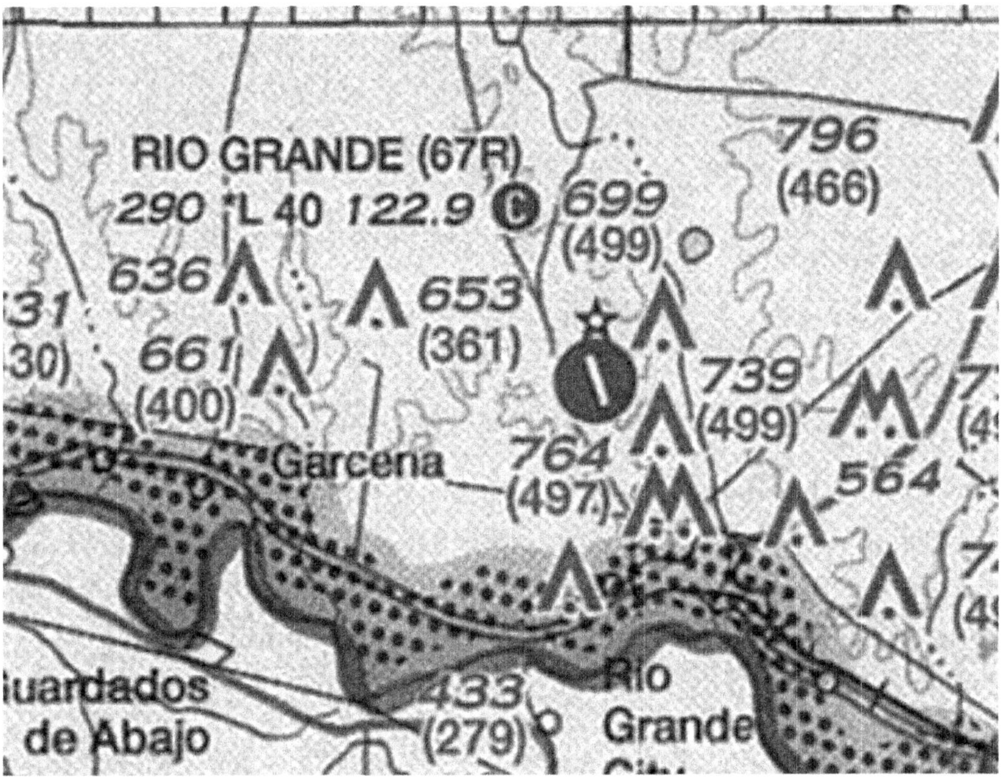

Aeropuerto sin controlar con MULTICOM.

Básicamente la frecuencia de Multicom es una frecuencia que permite a dos o mas aviones comunicarse en el aire, cuando se opera en aeropuertos que *NO* son controlados ni cuentan con servicios de FBO (Fixed Base Operator). El FBO es el operador que ofrece servicios a los aviadores en donde están instalados. Generalmente es una compañía privada que ofrece combustible, hangares, mecánicos, servicios de asistencia para la aviación en general.

Multicom, provee un vehículo para intercambiar información en una frecuencia en común. Y es aquí donde se encuentra el valor real del Multicom al operar en aeropuertos sin controladores ó FBO, donde es necesario que el piloto se de cuenta quienes están operando ahí, donde están ellos, cuales son sus intenciones y al mismo tiempo los otros pilotos necesitan saber de las de uno como piloto.

En Estados Unidos aun existen aeropuertos muy pequeños que no cuentan con ningún tipo de servicios como lo serian combustible, hangares, mecánicos, comida, etc, etc. De hecho en ellos no existe alguien en el suelo que por medio del radio pueda darnos información de trafico ó del clima. Quizás el único servicio que estos aeropuertos proveen es la pista, para aterrizar y para despegar.

Como ayuda a esta falta de recursos en Estados Unidos la FAA ha provisto el CTAF (Common Traffic Advisory Frequency) con la frecuencia de ***122.9*** con esta intención; Que los pilotos puedan comunicarse unos con otros y establecer una separación entre ellos al operar en estos aeropuertos. Pues estos aeropuertos no cuentan con instalaciones locales de radio.

Hay dos formas de encontrar la información de los aeropuertos sin controlar. Una es el A/FD (Airport Facility Directory). El A/FD generalmente se encuentra disponible en formato de libro a la venta en los FBO. También hay versiones electrónicas disponibles en diferentes paginas web, aplicaciones de teléfono y tabletas electrónicas.

La otra forma de conseguir la frecuencia del Multicom es; por medio de la carta de navegación visual como se muestra en la figura superior, del Aeropuerto de Rio Grande City, Texas. Si puedes notar en la carta aparece un circulo pequeño con una ***"C"*** inscrita dentro de el, la cual indica el CTAF para ese aeropuerto. Inmediatamente a la izquierda de esa letra aparece la frecuencia, en este caso ***122.9*** la cual esta con color magenta lo cual indica un aeropuerto sin controlar ó clase GOLF.

Ahora me es necesario aclarar que no importa cuanta preparación hayas echo en el radio para poder operar en estos espacios aéreos, que tan clara y explícita sean tus comunicaciones. La realidad es que no todos los aviones que operan en estos espacios aéreos tienen radio transmisores y legalmente pueden operar aquí. De hecho muchos lo hacen cada día en tipo de aeropuertos.

De aquí es que volar en este tipo de aeropuertos sin controlar requiere estar vigilantes todo el tiempo. Manteniendo los ojos muy abiertos y moviendo la cabeza de un lado a otro en busca de trafico que no se este comunicando ó no tengan radios. O como me ha sucedido a mi con anterioridad los pilotos están en la frecuencia equivocada.

Operando con Multicom.

Ahora vamos a simular un vuelo a un espacio aéreo Clase GOLF, con frecuencia ***MULTI-COM.*** Y desde el momento en que no existe nadie en el suelo que pueda darnos información de trafico ó del clima, nosotros los pilotos somos responsables por evitarnos unos a otros para no causar ningún tipo de percance que pudiese ser peligroso. En cierta forma los pilotos nos convertimos en *"controladores"* para ayudarnos unos a otros en la ausencia de controladores reales en el aeropuerto. Te darás cuenta que envuelve mucha repetición en el radio, pero esta es la única forma segura de poder operar en estos aeropuertos.

Cuando tengamos unas 10 o 15 millas fuera del aeropuerto, es necesario poner en el radio la frecuencia ***122.9*** para comenzar a escuchar la actividad de trafico en nuestro aeropuerto de destino. Si hubiese alguien mas volando ahí tendríamos la oportunidad de darnos una idea acerca de que pista están usando, la dirección del viento y cuantos aviones mas están operando ahí. Recuerda en estos aeropuertos no hay ningún sistema de radio en el suelo, ni siquiera uno que te de información del clima.

Como a las 10 millas utilizando las 5 *"W"* comenzaremos a identificarnos en el radio, estableciendo la posición, la altura y nuestras intenciones en el aeropuerto. Como no hay nadie en el suelo que nos responda no esperes oír a nadie venir del suelo. La intención es informar a los otros pilotos en el aire de nuestras intenciones, comenzando con el nombre del aeropuerto de destino.

Asumiendo que vamos al aeropuerto de Rio Grande City, Texas. (67R). Comenzamos nuestras transmisiones con el nombre del aeropuerto, seguido de la palabra *"traffic"*, este aeropuerto cuenta con ***290*** pies de altura y de acuerdo al A/FD (Airport/Facility Directory) con la pista 16-34. Asumiendo que hay alguien mas operando en la pista 16 el llamado en el radio seria así;

Pilot: Rio Grande Traffic NN1234, is 10 miles east 2500 feet. We are going to enter left downwind for full stop, Runway 16, Rio Grande Traffic.

Debes de notar que el nombre del aeropuerto se repite al principio y al final de la transmisión. Esto con la intención de asegurarnos en cual aeropuerto estamos operando debido al hecho de que esta frecuencia se usa en otros muchos lugares. Eso cubre el ***WHOM,*** tu identificación lo cual cubre el ***WHO,*** tu posición lo cual cubre el ***WHERE,*** tu intención lo cual cubre el ***WHAT,*** lo único que no incluirías es el código de la información del clima pues no hay a si que omitirías el ***WITH.***

Si no oyes que alguien te contesta no des por entendido que no hay otros aviones en el patrón de trafico, recuerda ciertos aviones no tienen radios. Así que a las 5 millas vuelve a llamar en el radio usando las 5 *"W"*.

Desde el momento en que no hay una estación de radio que te de información del clima, estarás obligado a confirmar visualmente la dirección del viento en el aeropuerto, utilizando el cono anaranjado el cual generalmente se encuentra cerca de la pista. Así que tendrás que volar sobre el aeropuerto 500 mínimo sobre la altura del patrón de trafico, el cual generalmente es 1000 pies sobre la elevación del aeropuerto. Y una vez mas informaras en el radio, transmitiendo algo como esto;

Pilot: Rio Grande Traffic, NN1234, over the field at 1800 feet for wind check, we are going to enter left downwind for Runway 16, full stop, Rio Grande Traffic.

De acuerdo a las regulaciones, en aeropuertos no controlados es necesario entrar siempre 45 grados en relación con la pista activa. La razón de ello es otra vez la seguridad, pues esta maniobra te permitirá tomar el tiempo para verificar que no haya algún otro trafico en el aeropuerto, así que aquí anunciarías tus intenciones así;

Pilot: Rio Grande Traffic, NN1234, entering left 45 downwind for Runway 16, full stop, Rio Grande Traffic.

Ahora tu estas entrando al patrón de trafico por el inicial, aproximadamente a 1000 pies sobre la elevación del aeropuerto. Así que en el radio dirías;

Pilot: Rio Grande Traffic, NN1234, entering left downwind for Runway 16, full stop, Rio Grande Traffic.

Asi que al dar la vuelta del inicial al básico, diríamos algo como;

Pilot: Rio Grande Traffic, NN1234, turning left base for Runway 16, full stop, Rio Grande Traffic.

Una vez que iniciemos la vuelta al final diríamos;

Pilot: Rio Grande Traffic, NN1234, entering final, for Runway 16, full stop, Rio Grande Traffic.

Es importante realizar nuestras transmisiones de radio justo cuando iniciamos la vuelta, esto debido al hecho que los demás pilotos pueden tener mayor superficie visible del avión al dar la vuelta, con lo cual será fácil para ellos vernos y orientarse de nuestra posición.

Una vez que hayamos aterrizado es importante salirse de la pista lo mas pronto y practico posible en el evento de que tengamos trafico atrás de nosotros. Y diríamos algo como;

Pilot: Rio Grande Traffic, NN1234, down and clear Runway 16, taxi to the ramp, Rio Grande Traffic.

Suena muy repetitivo y en realidad lo es. Pero en orden de lograr una operación segura en una área muy insegura vale la pena. Y es solo cuestión de habito, una vez que lo realices suficientes veces te quedara el buen habito y lo harás con mucha naturalidad.

Generalmente estos aeropuertos no cuentan con pavimento adyacente de carreteo para usarlo de regreso a la pista. Así que tendremos que usar la misma pista para carretear al principio de la pista y despegar, tendríamos que decir algo como;

Pilot: Rio Grande Traffic, NN1234 on the ramp, we are going to be taxing back on Runway 16, Rio Grande Traffic.

Es importantísimo, antes de entrar en la pista asegurarnos visualmente de que nadie se aproxima en cualquiera de los dos extremos de la pista.

Generalmente estos aeropuertos no cuentan con un lugar especifico para hacer los chequeos de motor y sistemas antes de despegar. Así que tendremos que negociarlo, o antes de entrar a la pista ó si sabemos que hay una rampa al lado opuesto de la pista lo haremos en ella.

En cualquiera de los caso no olvides hacer los chequeos de rutina, una vez que te encuentres en la pista listo para despegar dirías algo como;

Pilot: Rio Grande City Traffic, NN1234, departing Runway 16, east departure, Rio Grande Traffic.

La idea es continuar anunciando nuestras intenciones a todos los que estén operando en este aeropuerto, así que diríamos algo como esto;

Pilot: Rio Grande Traffic, NN1234, departing the traffic pattern to the east, Rio Grande Traffic.

Continua manteniendo la frecuencia ***122.9*** lo cual te permitirá darte cuenta si alguien se aproxima al aeropuerto mientras tu planeas tu salida. Ademas desde el momento que no hay radio en la tierra que reporte el clima de este aeropuerto, siempre ayuda informar a otros pilotos de las condiciones que encontramos mientras operábamos en el aeropuerto. Al completar 10 millas de distancia es un buen habito una vez mas comunicar nuestras intenciones diciendo algo como;

Pilot: Rio Grande Traffic, N12345 10 miles east, 2500 feet, departing east, last call, Rio Grande Traffic.

Esto nos permitira salir de una forma segura de estos espacios aéreos.

Conclusion

El volar un avión es de por si complicado. Sumarle a ellos el hecho de tener que operar en un aeropuerto sin controlador, tambien probablemente con aviones que no tienen radio, es invitar el estrés y la presión alta a nuestras vidas. Pero si sigues las recomendaciones que te acabo de dar en este capitulo del Multicom tu experiencia de vuelo será no solo mas segura pero mas placentera. Al punto de que operar en este tipo de aeropuertos se volverá algo muy natural para ti.

Mantén tus comunicaciones claras y cortas, hablando despacio. No trates de llenar el radio con muchas palabras que solo limitan el tiempo que otros pilotos necesitan para poder comunicarse.

Y sobre todo recuerda, que no hay nada que no puedas resolver con practica, practica, practica.

Patrón de entrada en Aeropuertos no controlados.

Traffic Pattern Operations – Single Runway

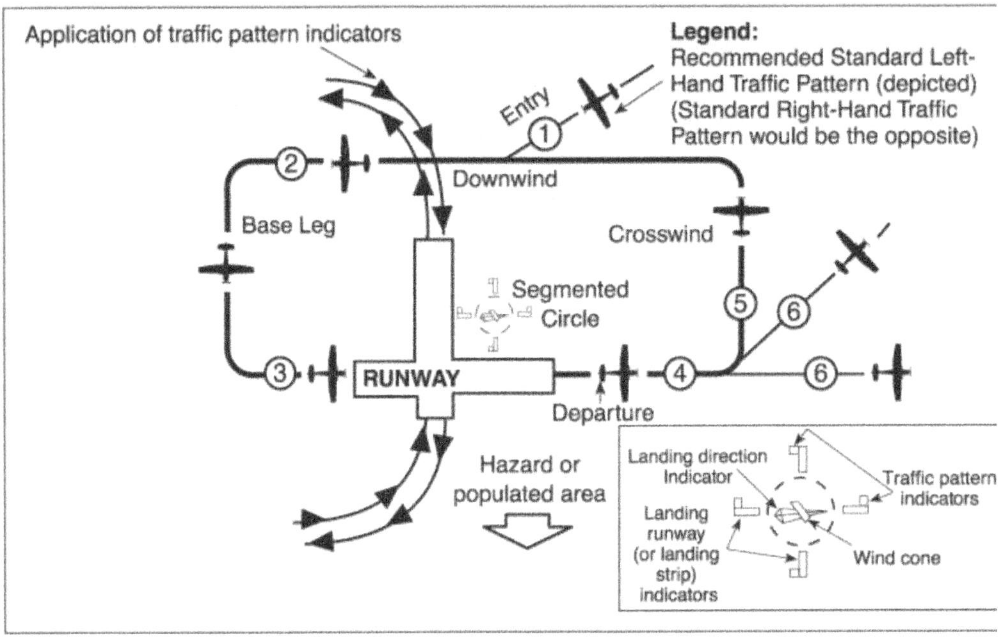

Examples

En orden de poder operar de una forma segura en espacios aéreos sin controlador. Se deben de seguir los siguientes diseños del patrón de trafico como se muestra en la figura superior.

En aeropuertos clase GOLF, debido al hecho de que no existe torre de control ó controlador debemos siempre entrar 45 grados en relación con el inicial, como se muestra en el numero 1.

Para operar en estos aeropuertos debe de hacerse siempre hacia la izquierda a menos de que la carta de navegación lo indique a la derecha. Y los nombres de cada posición se muestran en los números 2, 3, 4 y 5.

Para salir de estos aeropuertos se muestra en los numeros 5 y 6. La razón de estas reglas es la seguridad, si todos las seguimos sera muy difícil correr el riesgo de una colisión. Ademas te permitira ver en todas direcciones antes de entrar ó salir de aquí. Recuerda también que hay aviones sin radios ó sistemas electricos, que legalmente pueden operar en estos aeropuertos no controlados.

UNICOM.

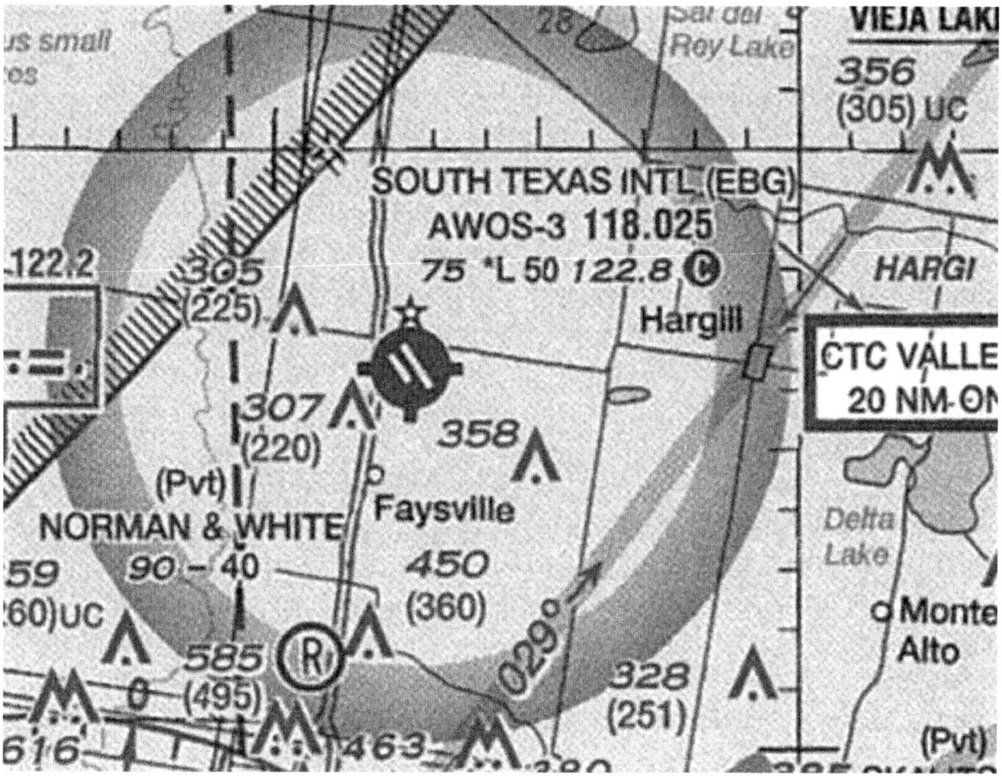

Figura 3 Aeropuerto con UNICOM

La otra porción de el espacio aéreo sin controlar clase GOLF, la podríamos definir a través de con quien nos comunicamos. En el ***MULTICOM*** usamos la frecuencia para comunicarnos con otros pilotos en el aire solamente. En el ***UNICOM*** nos comunicamos también con otros pilotos en el aire, pero ademas también con personas en el suelo los cuales no pueden ser solamente pilotos, sino empleados que atienden el FBO (Fixed Base Operator) local para ofrecer los servicios que ellos tienen disponibles para los pilotos.

El ***UNICOM*** es una estación de radio en la tierra, la cual fue adquirida por el operador del aeropuerto, con licencia aprobada por la FCC (Federal Communicacions Commision). Quien es la agencia del gobierno americano quien gobierna la regulación de todas las comunicaciones eléctricas en los Estados Unidos. Y esta estación de radio es operada por los empleados del FBO. En el caso de la figura arriba en donde se muestra el Aeropuerto de Edinburg Texas. Encontraremos que en la primera linea de la información en color magenta se encuentra el nombre del aeropuerto; ***SOUTH TEXAS INTL (EBG).*** Seguido por la segunda linea que nos muestra el ***AWOS-3*** el cual indica la presencia de información de clima en la frecuencia ***118.025.*** Y en la tercera linea encontramos la elevación del aeropuerto ***75*** pies, el asterisco seguido de la ***"L"*** que explica que hay luces disponibles solo parcialmente y que se pueden operar en la noche utilizando la frecuencia ***122.8***, la cual es seguida por un circulo solido con la letra ***"C"*** dentro, la cual es el CTAF (Common Traffic Advisory Frequency)

En esta frecuencia del ***UNICOM***, el operador puede proveernos con información de trafico reportado sobre el aeropuerto, la dirección del viento y su velocidad, quizás la presión barométrica, la pista mas favorable ademas de cualquier otra información que el operador considere necesaria para que nosotros los pilotos operemos de una forma segura. Ahora esta información es solamente una asesoría, en ninguna forma son ellos controladores y ellos no toman esa posición. Simplemente están dándolo como una ayuda adicional, voluntaria, para el buen desarrollo de las operaciones en el aeropuerto. Así que esto no elimina la responsabilidad de nosotros los pilotos por el continuar mirando vigilantes a nuestro alrededor por trafico.

Quiero recalcar que cualquier información que recibamos de parte del ***UNICOM*** es simplemente en forma de asesoría y no deberá esta de substituir nuestras vigilancia por trafico de nosotros como pilotos.

El ***UNICOM***, también provee servicios que no son necesariamente para la operación única de las aeronaves en el aeropuerto. Por ejemplo, si necesitas el camión de combustible listo para llenar y despegar inmediatamente, si necesitas un taxi listo para tu llegada, aun llamadas personales a tu casa están permitidas. Casi para cualquier cosa excepto para darte reportes oficiales del clima o autorizaciones de despegue ó aterrizaje. Para muchas cosas esta el ***UNICOM*** disponible ahí para ayudarte. Y al volar en Estados Unidos debemos utilizar estas herramientas simplemente porque están ahí disponibles para hacer nuestra experiencia de vuelo mas placentera.

También en algunos aeropuertos los FBO cuentan con frecuencias discretas asignadas solamente para ellos, para que el piloto pueda tener acceso directo a ellos y solicitarles lo que se requiera. Estas podrás encontrarlas en el A/FD (Airport/Facility Directory) en el directorio de los aeropuertos de Estados Unidos ó simplemente llamando por teléfono a los FBO lo cual es una excelente idea antes de tu despegue y aterrizaje a tu lugar de destino.

Pero este tipo de ayuda es voluntaria ellos no están obligados a dársela a todos los pilotos, algunas veces estarán muy ocupados en otras cosas, quizás atendiendo otro avión, quizás lejos del radio ó simplemente estarán cerrados por el día. Aun con estas limitaciones, el tener un ***UNICOM*** en el aeropuerto ayuda para la operación segura de nosotros los pilotos.

Ahora veamos como se realiza un vuelo imaginario al Aeropuerto de Edinburg, Texas.

Información del clima.

Una de las formas en que podemos darnos cuenta las condiciones del clima en el aeropuerto de nuestro destino con espacio aéreo clase GOLF es escuchando la frecuencia del clima ***118.025*** la cual nos provee con una información generada por computadora que nos da la información actual de lo que esta sucediendo en este aeropuerto. La palabra ***AWOS*** (automated weather observing system) es el tipo de sistema que reporta automaticamente el clima, ***118.025*** es la frecuencia en la que lo recibiremos en el radio. Dicha información son las condiciones actuales de lo que esta sucediendo en ese momento. Mientras que el sistema opere correctamente encontraras que es muy preciso. Así que escucharemos algo como esto;

EDINBURG INTERNATIONAL AIRPORT, AUTOMATED WEATHER OBSERVATION, 2108 ZULU, WEATHER; WIND 110 AT 18 GUSTING 26, VISIBILITY 5 HAZE, 9,000 SCATTERED, TEMPERATURE 36, DEW POINT 14, ALTIMETER 2988, REMARKS; DENSITY ALTITUDE 2600, NOTAM; PAPI LIGHTS NON OPERATIONAL.

Debemos desarrollar el habito de escribir esta información al punto de que con calma podamos digerir y entender mejor después de escribirla. Ademas de que nos servirá tenerla en papel para futuras referencias en nuestro vuelo, utilizando la forma vertical de escribir quedaría así;

KEBG
AWOS
2108 ZULU
WIND 110-18 G26
VIS 5 HAZE
9000 SCT
36/14
2988
DA 2600
PAPI OUT

Así de una forma rápida y practica tendremos anotada la información. Encontrando de que ***KEBG*** es el aeropuerto internacional de Edinburg, Tx, ***AWOS*** es la información automatizada, ***2108 ZULU*** es el tiempo universal, ***WIND 110*** es la dirección del viento seguido por ***18*** que es la velocidad en nudos y ***G26*** que son las ráfagas también en nudos, la ***VIS*** visibilidad 5 millas con ***HAZE*** o bruma, ***9,000*** es la altura de la base de las nubes, ***36/14*** es la temperatura seguida del punto de rocío, ***2988*** la presión barométrica, ***DA2600*** la densidad del aire y ***PAPI OUT*** las luces de guía a la pista están fuera de servicio.

Utiliza la forma que mas te haga sentir cómodo pero escribe, con ello tendrás la información necesaria para tomar decisiones de como deberás entrar a este aeropuerto.

Operando con Unicom.

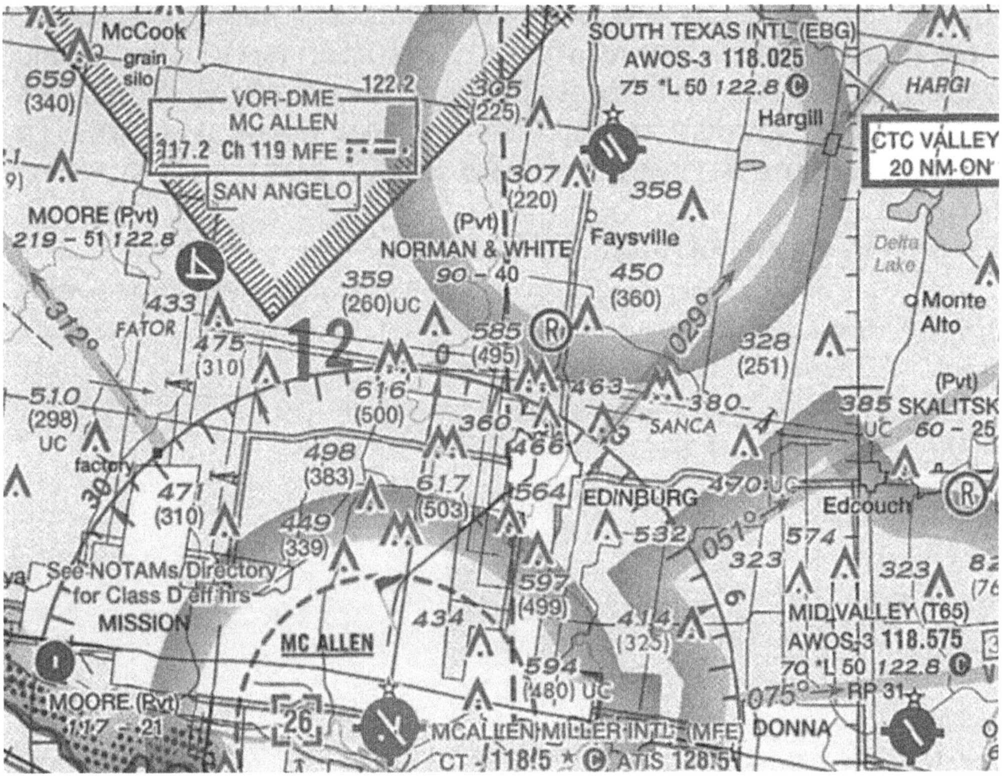

Aeropuertos clase GOLF Edinburg, Tx.

Ya dije que con la frecuencia del ***UNICOM*** (Universal Communications) podemos comunicarnos no solo con los pilotos en el aire, sino también con los empleados del FBO (Fixed Base Operator) en el suelo por medio de la misma frecuencia. Así que como distinguiremos *¿con quien estamos hablando?*. Y la respuesta esta en como comenzamos nuestras transmisiones de radio. Si comenzamos las comunicaciones con la palabra ***"UNICOM"*** entonces el FBO contestara. Si comenzamos las comunicaciones con la palabra ***"traffic"*** entonces los otros pilotos contestaran. Así de simple definimos a quien nos estamos dirigiendo en las comunicaciones de radio, con la misma frecuencia que esta en la carta de navegación.

Así que al estar unas 10 ó 15 millas fuera del Aeropuerto de Edinburg, Texas. Sintonizaremos en el radio la frecuencia ***122.8*** y comenzaremos a escuchar por signos de actividad en el Aeropuerto. También a este momento será una buena oportunidad comenzar a escuchar la información del clima en la frecuencia ***118.02*** y escribirla para poder digerir esta, después con mas calma. En esta frecuencia podremos escuchar acerca de la dirección e intensidad de los vientos, la visibilidad predominante, el nivel de los cielos, la temperatura, el punto de rocío, la presión barométrica y dependiendo del tipo de sistema información adicional acerca de lluvias ó tormentas en el area y la densidad del aire.

Así que de la misma forma que hacemos con el ***MULTICOM***, simplemente al escuchar podremos captar mucha información que nos ayudara a tomar decisiones al aterrizar en este aeropuerto. Información acerca del trafico presente, de la pista en uso e información adicional que siempre es mucha ayuda tener en estos aeropuertos. Asumiendo que nos aproximamos al aeropuerto del Sur el primer contacto que haríamos seria con el ***UNICOM,*** para ver si es posible los empleados del FBO nos ayuden con algo de información del aeropuerto, usando las 5 *"W"* diríamos algo así;

Pilot: Edinburg unicom, NN1234, 10 miles south 2000 feet, landing Edinburg, requesting field advisory.

Unicom: NN1234, wind 120 at 8 knots, favorable runway 14. Reported traffic is a Cessna in the pattern for touch and go.

Pilot: Understand, Edinburg unicom. Thank You. NN1234.

De esta forma el operador del ***UNICOM***, sabe quien eres, tu posición e intenciones. Y todo esto por utilizar las 5 *"W"*. ***WHOM***; Edinburg Unicom. ***WHO***; NN1234, ***WHERE***; 10 miles South 2000 feet, ***WHAT***; landing Edinburg, ***WITH***; la omites por no haber código de clima. Y como te darás cuenta con el uso de las 5 *"W"* Incluyes todo lo que tienes que decir de una manera concisa y completa.

Si por alguna razón no recibes contestación del operador intenta una ó dos veces mas. Si aun así no recibes contestación entonces tienes la opción de dirigirte a los pilotos que quizás estén en el área y podrías decir algo como esto;

Pilot: Edinburg traffic, any aircraft in the area, this is NN1234, can you please give me a field Advisory.

Si alguien te contesta recibes la ayuda que pediste, pero si nadie te contesta entonces tendrás que volar sobre el aeropuerto por lo menos 500 pies sobre la elevación del patrón de trafico en el aeropuerto para observar el indicador de viento y decidir como ingresar al patrón de trafico. En dicho caso operarias como si fuera un ***MULTICOM*** y es aquí donde te recomiendo que vuelvas a leer el capitulo anterior del ***MULTICOM***.

Como a las 5 millas del aeropuerto, volvemos a repetir las 5 *"W"* con la intención de asegurarnos que saben venimos a este aeropuerto;

Pilot: Edinburg traffic, NN1234, 5 miles South 2000 feet, landing Edinburg, Edinburg traffic.

Y una vez mas si lo amerita volar sobre el aeropuerto 500 pies sobre la elevación del patrón de trafico, usando las 5 *"W"* diríamos algo como;

Pilot: Edinburg traffic, NN1234, over midfield at 1500 feet, we are going to enter left downwind, for Runway 14, Edinburg traffic.

Recuerda que de acuerdo a las regulaciones, en aeropuertos sin controlar debemos de entrar siempre 45 grados en relación con el inicial. La idea es poder tener la oportunidad de vigilar por trafico al ir dando la vuelta y establecer una forma estándar de entrada al patrón para todos los pilotos. El patrón de entrada en Edinburg es a la izquierda así que diríamos algo como;

Pilot: Edinburg traffic, NN1234, turning 45 left downwind, Runway 14, full stop, Edinburg traffic.

Una vez que hayamos comenzado el inicial, como a mediación de la pista diríamos;

Pilot: Edinburg traffic, NN1234, turning downwind, Runway 14, full stop, Edinburg traffic.

Al dar la vuelta al básico lo anunciaríamos así;

Pilot: Edinburg traffic, NN1234, turning left base, Runway 14, full stop, Edinburg traffic.

Y al dar vuelta al final diríamos;

Pilot: Edinburg traffic, NN1234, turning final, Runway 14, full stop, Edinburg traffic.

Al salir de la pista;

Pilot: Edinburg traffic, NN1234, down and clear, Runway 14, taxing to the ramp, Edinburg traffic.

¿Observas como utilizamos el nombre del aeropuerto al principio y al final de nuestras transmisiones?. Esto con la finalidad de distinguir en que aeropuerto estamos operando. Pues si te fijas en la carta de navegación otros aeropuertos alrededor como ***MOORE*** y ***MID VALLEY*** utilizan también la frecuencia ***122.8*** Lo cual puede ser confuso si no especificamos el aeropuerto en que estamos operando. Ademas suena muy repetitivo hacerlo en cada porción del patrón de trafico, pero recuerda que la seguridad es primero al operar en estos espacios aéreos.

Saliendo de espacio aereo clase G, con UNICOM

Si existe información de clima, comenzaremos con escuchar cuidadosamente y a escribir la información que viene de la frecuencia ***118.02***. Te animo a que la escribas en papel, pues después de escucharla 1o 2 veces podrás digerirla muchísimo mejor. Escuchar y tratar de entender al mismo tiempo simplemente no se mezclan bien. Así que toma tu tiempo para ello. Salir de un espacio aéreo con ***UNICOM*** es igual que uno con ***MULTICOM***, con la gran ventaja de que quizás tendrás acceso a información de los vientos, la pista en uso y de trafico, la cual puede provenir del FBO. Lo pediríamos en el radio de la siguiente forma comenzando con la palabra ***"Edinburg unicom"*** pues estamos comunicando al FBO;

Pilot: Edinburg unicom, NN1234, at fuel pump, request traffic advisory.

Obviamente si te encuentras en otro lugar diferente a la bomba del combustible lo explicarías la idea es darle a los operadores del FBO información de tu posición, con lo cual ellos puedan darte información mas apropiada.

Una vez que hayas obtenido la información del ***UNICOM***, procederemos a comunicarnos con el trafico que pudiese encontrarse en el aeropuerto, así que ahora iniciaremos las comunicaciones dirigiéndonos con la palabra ***"Edinburg traffic";***

Pilot: Edinburg traffic, NN1234, at fuel pump, taxing to Runway 14, South departure, Edinburg traffic.

Con ello los pilotos operando en este aeropuerto sabrán, en que aeropuerto estas, quien eres tu y cuales son tus intenciones, todo esto siguiendo las 5 *"W"*.

Una vez que hayas llegado a la pista 14 para antes de entrar en las lineas de espera y avisa que estarás esperando unos minutos, antes de entrar a la pista para poder realizar tus pruebas de motor y sistemas así que les dirás algo como;

Pilot: Edinburg traffic, NN1234, holding short at Runway 14, Edinburg traffic.

Cuando hayas terminado tus pruebas y estés listo para despegar, deberás anunciar tus intenciones en el radio diciendo algo como;

Pilot: Edinburg traffic, NN1234, departing Runway 14, to the South at 2000 feet, Edinburg traffic.

Una vez que despegues dependiendo la dirección de salida si entras a alguna porción del patrón de trafico para hacer tu salida deberás de anunciarlo, se requiere avisar tus intenciones en cada porción del trafico con la intención de hacer esta experiencia mas segura. Asumiendo que ya realizaste tu salida de la manera correspondiente, justo al salir del patrón diremos algo como;

Pilot: Edinburg traffic, NN1234, departing traffic pattern to the South 2000 feet, Edinburg traffic.

Es importante que sigamos escuchando la frecuencia del aeropuerto con la intención de darnos cuenta si algún otro piloto viene entrando del área en que nosotros estamos saliendo. Y poder así coordinar la operación con este. Si no escuchamos a nadie es bueno como a las 5 millas llamar en la frecuencia y especificar que estamos libres del espacio aéreo, así que diríamos algo como;

Pilot: Edinburg traffic, NN1234, clear to the South, last call, Edinburg traffic.

Una vez que hayamos salido del espacio aéreo, podremos resumir nuestra navegación a nuestro destino y cambiar frecuencias a discreción nuestra

Entrenando en aeropuerto clase G.

Como Instructor me es fácil ver la tremenda ventaja para nosotros los hispanos comenzar a entrenar en este tipo de espacios aéreos no controlados, debido a las limitaciones del Ingles. No quiero minimizar las ventajas de hacerlo en otros aeropuertos controlados. Pero el hecho de no contar con una torre de control y mucho trafico en el área, hace que el proceso de aprendizaje sea mas fácil. Y la idea es hacer la transición mas tarde a los espacios controlados después de haber aprendido a controlar el avión de una forma positiva. Por ejemplo, aquí en Edinburg aeropuerto sin controlar, comenzamos todo lo básico y después nos movemos a McAllen Texas, aeropuerto controlado en donde continuamos el entrenamiento.

En ocasiones nos será necesario practicar en espacios sin controlar clase GOLF. La clave aquí es poder avisar nuestras intenciones todo el tiempo, en todas las porciones del patrón de trafico. Suponiendo que queremos realizar toques y despegues en este aeropuerto. Utilizando las 5 *"W"* diríamos algo como esto antes de despegar;

Pilot: Edinburg traffic, NN1234, departing Runway 14, closed pattern for touch and gos, Edinburg traffic.

En la subida inicial;

Pilot: Edinburg traffic. NN1234, upwind Runway 14, touch and go, Edinburg traffic.

Al dar la vuelta durante la subida al patrón de trafico;

Pilot: Edinburg traffic, NN1234, turning crosswind Runway 14, touch and go, Edinburg traffic.

Al entrar el inicial del patrón de trafico;

Pilot: Edinburg traffic, NN1234, turning downwind Runway 14, touch and go, Edinburg traffic.

Al dar vuelta al básico;

Pilot: Edinburg traffic, NN1234, turning base Runway 14, touch and go, Edinburg traffic.

Al entrar final;

Pilot: Edinburg traffic, NN1234, turning final Runway 14, touch and go, Edinburg traffic.

Se que suena muy repetitivo y en verdad lo es, pero esta es la forma legal y segura en que debemos de hacerlo. No importa que no escuchemos a nadie en la frecuencia y aun suponiendo que algunos aviones no tienen radio los cuales no podrían escucharnos, no podemos omitir usar el radio en las comunicaciones en cada parte del patrón de trafico. Principalmente por seguridad de nosotros y los demás que estén operando en este aeropuerto. Ahora asumiendo que deseas parar tu entrenamiento debes añadir a las comunicaciones tus intenciones, por ejemplo;

Pilot: Edinburg traffic, NN1234, downwind Runway 14, full stop, Edinburg traffic.

O en el final necesitas abortar la approximation por alguna razón, dirías;

Pilot: Edinburg traffic, NN1234, go around Runway 14, full stop, Edinburg traffic.

Recuerda repetir esto en cada porción del patrón de trafico y te aseguro por experiencia personal que lo vas ha disfrutar muchísimo y mas de una vez evitaras posible confrontaciones con otros aviones en el aire ó en el suelo.

Conclusion.

Indudablemente el operar en estos espacios aéreos sin controlar clase GOLF, aun con la ayuda del FBO a través de la frecuencia del ***UNICOM***, envuelve el tener que ser muy repetitivo. Suena como perdida de tiempo tener que reportar todas estas veces, especialmente considerando de que probablemente no haya nadie en el aeropuerto otros que nosotros mismos, pues en ocasiones pensamos que por ser un aeropuerto pequeño tendremos la seguridad de que no hay nadie mas.

Pero esto no siempre es así, hay mucho aviones pequeños que no cuentan con radios ó ni siquiera sistemas eléctricos, estos legalmente pueden operar aquí. De hecho una de las razones mas fuertes de que estos aeropuertos existen es para poder acomodar toda clase de aviones experimentales, pequeños ó *"ultralights"*.

También se ha dado el caso donde los pilotos simplemente no utilizan los procedimientos descritos en este capitulo para operar en estos aeropuertos. O como me sucedió en una ocasión en un aeropuerto de Arkansas, donde yo me aproximaba a la pista 13 cuando otro piloto se aproximaba a la 31 debido a que el viento estaba calmo. No dejo de decirte que fue una experiencia muy traumática, la cual termino con el otro piloto circulando a la pista que yo estaba usando. Una vez en el suelo le pregunte con toda la amabilidad posible, *¿tienes radio en tu avión?*. Y el me dijo Si. Añadiendo otra pregunta, *¿Y tu... ?*. Yo le conteste que Si. Y en el afán de entender que había sucedido, descubrimos que El estaba haciendo sus llamadas en la frecuencia equivocada.

Así que como vez no hay excusa para poder operar en estos aeropuertos, siguiendo los procedimientos que ya se han establecido para operar de una forma segura en ellos.

Por el otro lado, te darás cuenta que en los Estados Unidos, de acuerdo a las estadísticas mas nuevas hay un promedio de 17000 aeropuertos y aproximadamente menos de 700 aeropuertos cuentan con torres de control. Debido a estos algún día te tocara la oportunidad de operar en estos espacios aéreos no controlados. Lo cual en cierta forma es muy benéfico pues te permite acceso a muchísimos lugares pequeños volando tu avión, cosa que las aerolíneas no podrían hacer. Así que como vez si hay una gran ventaja en aprender a operar en estos aeropuertos, sin controlar clase GOLF.

10

VUELOS INTERNACIONALES

Como estamos localizados en la frontera entre Mexico y los Estados Unidos, nos será necesario en ocasiones tener que realizar vuelos internacionales entre los dos Países. Con el propósito de explicar el procedimiento realizaremos un vuelo VFR (Visual Flight Rules) imaginario entre la ciudad de Monterrey NL, México y la ciudad de McAllen Texas, USA.

Como es vuelo internacional será necesario asegurarnos de que todos los requisitos de aduana y migración estarán cubiertos en los dos países, debido a que el propósito de este libro es solo comunicaciones no cubriremos esas áreas. Así que por favor busquen asesorarse en cuanto los requisitos en los dos países. Como pilotos esto es también nuestra responsabilidad en la preparación que envuelven estos viajes.

Vuelo Internacional USA-MEX

El vuelo internacional de Estados Unidos a México, es muy similar al vuelo de México a Estados Unidos. Comenzamos por asegurarnos de que las agencias de aduana y migración en ambos lados han sido contactadas para salir de Estados Unidos y entrar a México de una forma legal.

En cuanto a la parte de vuelo es necesario encontrar quien será el controlador mas cercano que podrá ayudarnos a organizar nuestro cruce a México. Debemos llenar nuestro plan de vuelo internacional VFR (Visual Flight Rules) esto es un buen procedimiento para agilizar las cosas. Puedes llenarlo en alguna pagina web, llamando en el teléfono o en el radio a FSS (Flight Service Station) ó simplemente anunciándolo al controlador.

En este caso en particular simularemos este vuelo del aeropuerto de Mcallen, Tx USA, al aeropuerto de Monterrey NL, MEX. Después de que hayamos escuchado la información del clima, utilizando las 5 *"W"* contactaremos al controlador de tierra;

Pilot: Mcallen ground, NN1234, at Eddie Aviation ramp, request taxi to 13, VFR departure to MMAN, Monterrey del Norte, Information ALFA.

Con ello el controlador te dará la autorización para ir a la pista 13 y coordinara tu salida hacia México. Una vez que estemos listos para despegar llamaremos al controlador de torre;

Pilot: Mcallen tower, NN1234, holding short at Runway 13, west departure to MMAN.

Tower: NN1234, proceed on course, Runway 13, cleared for takeoff.

Pilot: N1234, proceed on course, cleared for takeoff Runway 13.

Una vez que salgamos de su espacio aéreo, cerca de la frontera el nos llamara para autorizarnos el cambio de frecuencia a el primer controlador del lado Mexicano;

Tower: NN1234, contact Reynosa tower on 118.8

Pilot: NN1234, contact Reynosa tower 118.8

Aquí podremos cambiarnos y llamara a la torre de Reynosa quien terminara coordinando nuestro cruce fronterizo e internación dentro de México;

Pilot: Reynosa tower, NN1234, over the river, VFR to MMAN with you.

Tower: NN1234, squawk 2120, maintain VFR proceed on course.

Y es así como habremos cruzado la frontera México-Americana. La clave en este tipo de vuelos internacionales es estar en contacto todo el tiempo con un controlador que nos libere del lado Americano y con un controlador que coordine nuestra entrada en el lado Mexicano. Es muy importante no cruzar la frontera en cualquier dirección si no hemos antes hecho contacto con alguien en el radio.

Puedes visitar mi canal de youtube, donde encontraras varios de estos vídeos de vuelos entre México y Estados Unidos, solo visita Eddie Aviation Vídeos en youtube son gratis, te van ha ayudar mucho.

VUELO INTERNACIONAL MEX-USA.

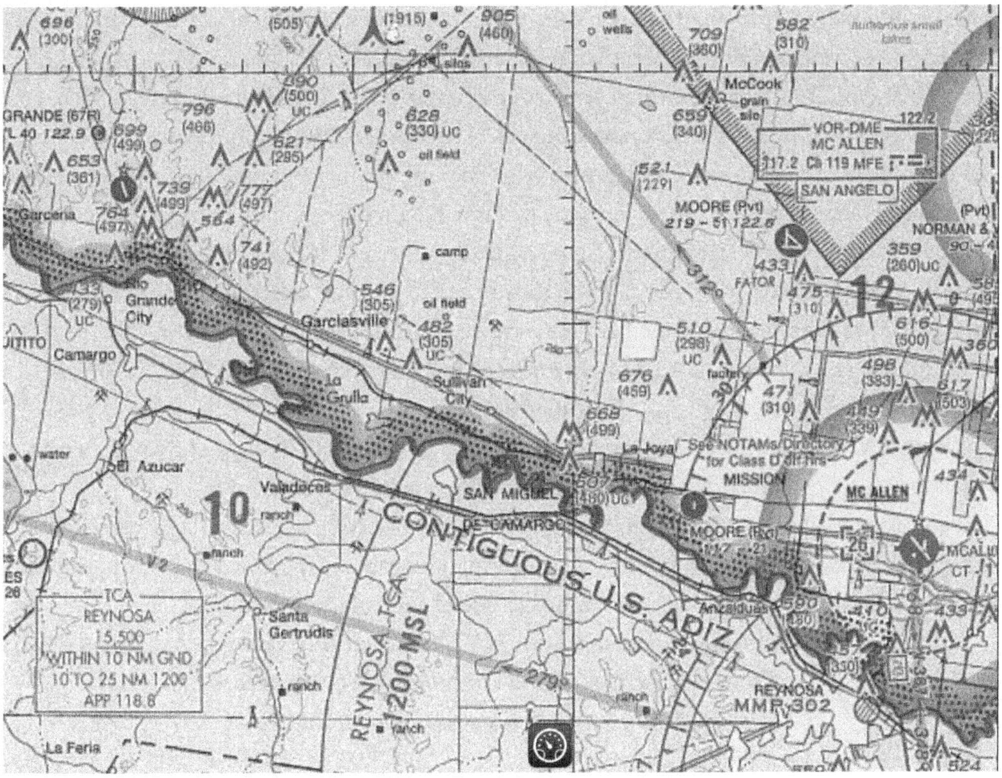

Vuelo Internacional MEX-USA.

Una vez que nos aseguremos de que todo esta coordinado con las agencias de aduana y migracion americanas, lo cual debimos hacer en tierra como parte de nuestra preparacion. Lo primero que haremos en ruta antes de aproximarnos a la frontera será contactar al controlador de FSS (Flight Service Station) la cual podremos encontrar en la carta de navegación visual de la sección BROWNSVILLE como se muestra en la figura arriba. O también en la base de datos de nuestros sistemas de GPS.

Tendremos que buscar la frecuencia del FSS mas cercana a nuestro punto de entrada la cual se encuentra localizada encima del rectángulo azul que nos da la información del VOR de Mcallen, esta es ***122.2*** y en la parte inferior se encuentra el nombre de este FSS que es ***SAN ANGELO***, en dicha frecuencia contactaremos al controlador utilizando las 5 *"W"* diciendo algo como esto;

Pilot: San Angelo radio, NN1234, 40 miles on radial 250 from MFE VOR, landing Mcallen International, request squawk code to enter United States airspace.

Mantén la calma pues en ocasiones tardaran en responder debido al hecho de que en ocasiones están muy ocupados, de ser así te dirán algo como;

FSS: NN1234, this is San Angelo radio, stand by, you are number 3 in sequence.

Lo cual quiere decir que el controlador recibió nuestra llamada pero se encuentra muy ocupado atendiendo otros pilotos y te a solicitado que esperes tu turno el cual es el numero 3. Una vez que el controlador haya terminado con los otros pilotos te llamara a ti;

FSS: NN1234, approaching the border squawk 0321, Mcallen altimeter 2990.

Pilot: NN1234, squawking 0321, altimeter 2990, thank you.

A este punto podrás solicitarle al controlador cualquier información adicional que necesites para completar tu vuelo al aeropuerto de destino. De no necesitar nada mas con el controlador podrás cambiar a la siguiente frecuencia que de acuerdo a la figura arriba es ***APP 118.8*** donde el controlador de REYNOSA TCA coordinara tu entrada del espacio aéreo Mexicano al espacio aéreo Americano por medio de la torre de control de Mcallen, Tx;

Pilot: Reynosa tower, NN1234, 30 miles on radial 278 from REX VOR, 3,500 landing McAllen.

Tower: NN1234, descend and maintain 2,500, maintain VFR, report over the river.

Pilot: NN1234, to 2500, VFR report over the river.

El controlador quiere que le reportemos sobre el Rio Bravo, que marca la frontera MEX-USA. En ocasiones nos pedirá reportar una cantidad de millas especificas del aeropuerto de destino. Cualquiera que esta sea obedecemos lo que el controlador nos dijo;

Pilot: Reynosa tower, NN1234, over the river.

Tower: NN1234, contact Mcallen tower on 118.5.

Pilot: NN1234, switching to tower, thank you.

También es un buen habito entre comunicaciones el poder escuchar el ATIS en Mcallen de esta forma podremos hacérselo saber al controlador de torre y utilizando las 5 *"W"* diremos;

Pilot: McAllen tower, NN1234, over the river 2,500, landing Mcallen, Information MIKE.

Tower: NN1234, enter right base Runway 13, clear to land.

Pilot: NN1234, enter right base Runway 13, clear to land.

De esta forma procederemos a aterrizar y una vez que hayamos salido de la pista el controlador nos instruirá el contactar la frecuencia de tierra ó si es el mismo controlador operando las dos frecuencias nos dira.

Tower: NN1234, exit at taxiway CHARLIE, taxi to customs via ALFA, remain in this frequency.

Pilot: NN1234, exit CHARLIE, to customs via ALFA, with you.

Suena muy complicado el cruzar la frontera, pero en realidad mientras estemos en contacto con la agencia que controla el espacio aéreo americano estaremos a bien. Lo puedo resumir de esta forma en la secuencia;

1.- Contacta FSS para recibir tu código "transponder".

2.- Mantén la frecuencia del ultimo controlador en el lado Mexicano.

3.- Cuando te lo indiquen cambia frecuencia al controlador Americano.

4.- No olvides introducir el código que te asignaron en el "transponder"

5.- Contacta al controlador de torre Americano y sigue sus direcciones.

La clave en este tipo de vuelos es estar en contacto siempre con algún controlador, pues si tu cruzas la frontera sin reportarte con algún controlador, se iniciaran los procedimientos de defensa del gobierno americano y esto nunca es una buena idea.

11

IDEAS ADICIONALES

HERRAMIENTAS PARA APRENDER A HABLAR EL INGLES DE LA AVIACION.

1.- Una de las cosas que yo hice hace 19 años cuando comenze a volar, fue el pedirle a mi instructor que me hiciera favor de grabarme lo que yo debería de decir en cada segmento de vuelo. Y me lo memorice para repetirlo en esos segmentos, te confieso que pasaron varios meses para que yo pudiese entender que; ***"Jonesboro traffic, NN1234, left downwind runway 5, for touch and go"*** significaba que estaba en la parte del "inicial" en el patrón de trafico en relación con la pista del aeropuerto de Jonesboro, con la intención de ejecutar un toque y despegue. Pero yo sabia que de memoria tenia que repetir esa frase en esa parte especifica del patrón de vuelo. Ademas si escuchaba que alguien repetía algo similar significaba que el ó ella estaría ahí también. Esto es algo que puedes hacer tu también, preguntale a un instructor que te grabe la fraseología que debes de repetir en los diferentes segmentos de vuelo y grabatelas de memoria, aunque no sepas en el principio lo que estas diciendo, pero asegurate de entender donde debes decirlo. Esto te dará practica y eventualmente confianza para ya no tener que repetirlas de memoria.

2.- Otra cosa que puedes hacer es el conseguir un radio receptor de aviación que te permita escuchar las comunicaciones como estas suceden en los aeropuertos que se encuentran donde tu operas. Envuelve muchas horas, pero ello te preparara para que cuando tu estés volando en el patrón de trafico te sientas mas familiar y relajado. Inclusive si pones atención aprenderás a relacionar lo que el piloto esta diciendo en el momento, con la posición en la que El se encuentra en el patrón de trafico, la cual tu puedes ver desde el suelo cuando lo escuchas. Así que aprendes a asociar lo que el piloto dice con la posición en la que se encuentra. Todo esto lo puedes lograr desde la comodidad de estar en el suelo observando a otros hacerlo antes de que tu lo hagas.

3.- Si no tienes radio ó si no vives cerca de un aeropuerto la otra alternativa es el internet. Visita paginas del web como el de *"www.liveatc.net"* u otro similar a este. En estas paginas del web tendrás la oportunidad de escuchar las diferentes agencias de los controladores como la torre de control, aproximaciones, centros, etc, etc. Las cuales al escuchar constantemente tu oído tendrá la oportunidad de familiarizarse con la fraseología que es muy propia de ellos. Muchos de nuestros problemas con el Ingles se resolverían con el solo hecho de escuchar constantemente las frecuencias para *"educar"* el oído y que este se acostumbre a la atmósfera que rodea las comunicaciones.

4.- La siguiente recomendación va ha sonar un poco cómica pero es real y yo la practique por mucho tiempo tratando de ayudarme a ser eficiente con el Ingles. Y envuelve el ver los dibujos animados en Ingles. Si, los dibujos animados en Ingles y la razón es que ellos están diseñados con un Ingles muy básico para que los niños pueden entenderlos. Es increíble pero esto ayuda muchísimo. Esto te dará confianza para poder pronunciar las frases que aprendas de solo escuchar Ingles en los dibujos animados. Solo te pido que seas bastante discreto, pues no se ve muy bien que los adultos nos la pasemos viendo dibujos animados. No quieres que tu esposa y familiares te vean mucho tiempo al televisor viendo los dibujos animados en Ingles pensaran que se te *"zafo un tornillo"*. Pero créeme *(ya en serio)* si funciona, me funciono a mi y se que te funcionara a ti también.

5.- Otra recomendación es conseguir materiales que ya existen en el mercado en la forma de libros, CD'S, vídeos, cursos en el internet y comenzar a utilizarlos. Uno de los mejores que encontraras se llama *"say again, please"* y viene en formato de libro y de CD, este tiene ya muchos años en el mercado y es uno de los mas simples que encontraras, así que vale la pena invertir y comprar algo como ellos. Tienen la versión interactiva en la computadora también lo cual lo hace una herramienta que no debe de faltar en cualquier librería de piloto. Y como este hay muchísimos mas, puedes meterte a la computadora y ahí los descubrirás. Puedes visitar también mi tienda shop.eddieaviationvideos.com donde cada semana estoy añadiendo productos nuevos que podrán ayudarte a convertirte en un piloto eficiente en el Ingles.

6.- La otra es conseguir entrenamiento uno a uno con un instructor certificado, quien tenga la oportunidad de evaluar el nivel al que te encuentras como piloto y pueda ayudarte a formar un plan que permita un pronto aprendizaje del idioma Ingles de la aviación. Muchas preguntas e inquietudes que tienen solo van ha ser resueltas si te sientas con un instructor ó aun otro piloto que tenga la intención de ayudarte. Descubrirás que si puedes aprender el Ingles básico para volar de una forma segura y eficiente. Mucho se aprende de los que ya han estado haya en la atmósfera del Ingles.

7.- Y la ultima recomendación que te puedo dar es; necesitas buscar formas de estar expuesto a la atmósfera de comunicarte en Ingles, pues aunque tenemos muchas herramientas disponibles con este fin, ellas no substituyen el mejor salón de clase que es la cabina del avión. Vuela con otro piloto que haga operaciones en Ingles. O contrata a un instructor certificado que te lleve a volar en los espacios aéreos donde se hable Ingles y descubrirás que no es tan difícil como pensabas. Después de tener entrenamiento en el Ingles y las comunicaciones necesitas empujarte tu solo a exponerte a este ámbito, pero no vayas solo ve con alguien que ya tenga experiencia antes de que desarrolles la confianza de ir tu solo.

Se que puede sonar como algo muy imposible de alcanzar esto de poder hablar Ingles en la aviación, pero te darás cuenta que es solo cuestión de practica, practica, practica. Es como aterrizar el avión, recuerdas que difícil era las primeras veces que lo hacias y ahora poco a poco estas tomándole confianza. Lo mismo te sucederá con esto del Ingles, no hay substituto para la practica constante y el aprendizaje de este proceso nunca se termina. Mientras que sigamos volando, seguiremos aprendiendo y en orden de seguir aprendiendo tenemos que seguir practicando.

Una gran ventaja que tenemos del Ingles de aviación es que es muy repetitivo. Las mismas sentencias las usamos constantemente al punto de que pronto descubrirás que es casi siempre lo mismo en cualquier aeropuerto en que operes. También te darás cuenta que es muy entrecortado, quiero decir no tienes que decir toda la frase completa aprenderás a decir solamente lo necesario para que el controlador te entienda. El Ingles de Aviación no es un Ingles conversacional es muy básico y corto. De hecho los controladores esperan que lo hagamos muy corto, pues seguimos con la limitación de que solo un piloto puede estar hablando al mismo tiempo en el radio, así que si quieres decir mucho lo único que logras es limitar la oportunidad para otros pilotos hablar en el radio. Tienes que ser corto, conciso y al punto en tus comunicaciones. Es cuando tratamos de *"llenar"* el radio con muchas palabras cuando nos metemos en dificultades.

Así que ahí lo tienen mis amigos, estas fueron las herramientas que a mi me ayudaron a dominar el idioma del Ingles y les ayudaran a ustedes también. Ademas pueden visitar mi canal de you tube en donde encontraran muchísimo material que les ayudara a su desarrollo como piloto profesionales, visita ***Eddie Aviation Videosyoutube***. Pero aun estos no substituyen a la practica, practica, practica.

CONCLUSION

Pues es así como he terminado este manual VFR de comunicaciones aéreas para volar en los Estados Unidos. Créeme que he puesto todo mi esfuerzo por lograr producir el mejor manual de comunicaciones que puedas tu tener en tus manos. No es escatimado horas en la realización de este proyecto investigando, corrigiendo, editando, teniendo en mente producir un manual que yo mismo compraría. Me da mucho gusto ver que hoy llega a su culminación de mi parte.

Pero en cierta forma sigue incompleto hasta que ustedes puedan poner en practica las técnicas, ideas y consejos que doy en este manual. Mi sueño es poder ver mas pilotos hispanos surcando los cielos americanos de una forma segura y profesional. Esto lo he tomado yo como una de mis metas personales.

No es facil comunicarse en Ingles, pero tampoco es imposible. Mi experiencia me ha enseñado que con la practica y el entrenamiento adecuado puede ser posible el convertirnos en pilotos eficientes en el control de nuestra aeronave y los procedimientos de comunicaciones. Una cosa es aprender a volar el avión, pero cuando no se tiene el Ingles como lengua nativa, el aprender a comunicarse en el radio es otra cosa diferente.

La falta de un Ingles fluido por mucho tiempo nos ha estado robando a nosotros lo pilotos hispanos el poder adentrarnos en los espacios aéreos americanos por puro temor. Espero que con este manual ayude yo a motivar a los pilotos a explorar de una forma segura estos espacios aéreos que harán nuestras vidas como pilotos no solo mas seguras, pero también mas eficientes.

Este manual va ha tener las subsecuentes ediciones para mejorar, corregir y añadir lo necesario para pulirlo como una gran herramienta para ustedes. Para ello necesitare tu ayuda con comentarios, ideas y sugerencias que puedan mejorar este manual. Con este fin puedes contactarme a eddieaviation@aol.com en donde tus comentarios e ideas constructivas serán siempre bienvenidos.

Mientras tanto, por favor, mantengan los cielos seguros y divertidos.

Meanwhile, please, keep the sky safe and fun.

Erasmo "Eddie" Malacara.

CPSIA information can be obtained at www.ICGtesting.com
Printed in the USA
LVOW03*1251220215

427890LV00019B/151/P

9 781619 330115